21 世纪高等学校计算机规划教材

大学计算机
信息技术

——学习与实验指导

COLLEGE INFORMATION
TECHNOLOGY
——LEARNING AND EXPERIMENT GUIDANCE

朱立才 黄津津 ◆ 主编

李忠慧 吉祖勤 余群 ◆ 副主编

U0318812

人民邮电出版社

北京

图书在版编目（CIP）数据

大学计算机信息技术：学习与实验指导 / 朱立才，
黄津津主编. -- 北京：人民邮电出版社，2017.8（2020.8重印）
21世纪高等学校计算机规划教材
ISBN 978-7-115-45873-5

Ⅰ.①大… Ⅱ.①朱… ②黄… Ⅲ.①电子计算机－
高等学校－教材 Ⅳ.①TP3

中国版本图书馆CIP数据核字（2017）第192803号

内 容 提 要

本书是《大学计算机信息技术》配套的实践教材。本书结合课程教学和实验的特点，在章节的安排上基本与主教材保持一致。每章内容由【知识要点】和【实验及操作指导】两部分组成。在【知识要点】中归纳总结了对应章节应该掌握的主要内容；在【实验及操作指导】中对主教材中的实践操作题给出了操作要求和操作指导步骤，旨在帮助学生在掌握基本理论的同时，提高实践动手操作能力，对知识进行全面的了解和掌握，以便提高学习效率。

本书可作为高等院校非计算机专业大学计算机信息技术基础课程的实验教材和计算机等级考试的参考教材，还可作为社会各类学校计算机应用基础课程的培训教材及自学者学习计算机相关知识的参考书。

◆ 主　　编　朱立才　黄津津

　　副 主 编　李忠慧　吉祖勤　余　群

　　责任编辑　李　召

　　责任印制　陈　犇

◆ 人民邮电出版社出版发行　　北京市丰台区成寿寺路 11 号

　　邮编　100164　电子邮件　315@ptpress.com.cn

　　网址　http://www.ptpress.com.cn

　　三河市祥达印刷包装有限公司印刷

◆ 开本：787×1092　1/16

　　印张：10.5　　　　　　　　2017 年 8 月第 1 版

　　字数：277 千字　　　　　　2020 年 8 月河北第 5 次印刷

定价：29.80 元

读者服务热线：(010)81055256　印装质量热线：(010)81055316
反盗版热线：(010)81055315
广告经营许可证：京东市监广登字 20170147 号

前言

　　为满足当前信息技术发展与人才培养的需要，积极配合计算机基础教学的课程体系改革，根据教育部关于进一步加强高等学校计算机基础教学的意见，编者在结合多年计算机基础课程教学与研究实践的基础上，围绕非计算机专业计算机基础课程的教学实际设计教学思路，以培养大学生信息素养和提高计算机应用能力为出发点，并结合计算机等级考试大纲要求，按照计算机基础课程精品课程的标准来精心设计、组织编写本书。

　　本书是《大学计算机信息技术》一书配套的实践教材，同时也可以独立与其他计算机基础教科书配合使用。本书结合课程教学和实验的特点，在章节的安排上基本与主教材保持一致。全书共6章，主要内容包括：计算机基础知识、计算机系统、文字处理 Word 2010、电子表格 Excel 2010、演示文稿 PowerPoint 2010、计算机网络与 Internet 应用等。

　　本书由朱立才、黄津津任主编，李忠慧、吉祖勤、余群任副主编。在本书编撰过程中，编者得到了所在学校的大力支持和帮助，在此表示衷心的感谢，同时得到了许多教学第一线专家与教师的宝贵意见和建议，在此表示诚挚的谢意。

　　由于编者水平有限，书中难免有不足和疏漏之处，敬请专家和广大读者批评指正。

编　者

2017 年 8 月

目　录

第1章
计算机基础知识

【大纲要求重点】

- 计算机的发展、类型及其应用领域。
- 计算机中数据的表示、存储与处理。
- 多媒体技术的概念与应用。
- 计算机病毒的概念、特征、分类与防治。

【知识要点】

1.1 计算机概述

1. 计算机的诞生及发展过程

电子计算机（Electronic Computer）又称电脑，是一种能够按照指令，自动、高速、精确地对海量信息进行存储、传送和加工处理的现代电子设备，是 20 世纪最伟大的发明之一。

1946 年世界上第一台电子计算机——电子数字积分计算机（Electronic Numerical Integrator And Calculator，ENIAC）诞生于美国的宾夕法尼亚大学，它使用的主要电子元件是电子管。在其研制过程中，美籍匈牙利数学家冯·诺依曼提出了两个重要的设计思想。

① 使用二进制。计算机的程序和程序运行所需要的数据以二进制形式存放在计算机的存储器中。

② 存储程序执行。程序和数据存放在存储程序中，即存储程序的概念。计算机执行程序时，无需人工干预，能自动、连续地执行程序，并得到预期的结果。

冯·诺依曼明确指出了计算机的结构应由运算器、控制器、存储器、输入设备和输出设备 5 个部分组成。

直至今天，绝大部分的计算机还是采用冯·诺依曼方式工作。冯·诺依曼提出的这些原理和思想对后来计算机的发展起到了决定性的作用，被誉为"现代电子计算机之父"。

从第一台电子计算机诞生至今的几十年时间里，计算机技术成为发展最快的现代技术之一。根据计算机所采用的物理器件，计算机的发展可划分为 4 个阶段。

第一代计算机（1946—1958），"电子管计算机时代"。

第二代计算机（1959—1964），"晶体管计算机时代"。

第三代计算机（1965—1970），"中、小规模集成电路计算机时代"。

第四代计算机（1971 年至今），"大规模或超大规模集成电路计算机时代"。

2. 计算机的特点

计算机作为一种通用的信息处理工具，具有运算速度快、计算精度高、逻辑判断准确、存储能力强大、自动功能、网络与通信功能等主要特点。

3. 计算机的应用

计算机的应用主要体现在科学计算、数据与信息处理、过程控制、人工智能、计算机辅助、网络通信、多媒体技术、嵌入式系统等方面。

4. 计算机的分类

计算机的分类方法有很多，一般可根据计算机的性能、规模和处理能力，把计算机分成巨型机、大型通用机、微型计算机、服务器和工作站等几类。

5. 未来计算机的发展趋势

（1）计算机的发展方向

未来计算机的发展呈现出巨型化、微型化、网络化和智能化等发展方向。

（2）新一代计算机

由于计算机中最重要的核心部件是芯片，因此，计算机芯片技术的不断发展也是推动计算机未来发展的动力。由于晶体管计算机存在物理极限，因而世界上许多国家在很早的时候就开始了各种非晶体管计算机的研究，如光子计算机、量子计算机、生物计算机和超导计算机等。这类计算机也被称为第五代计算机或新一代计算机，它们能在更大程度上仿真人的智能。这类技术也是目前世界各国计算机发展技术研究的重点。

6. 信息与信息技术

信息是对客观世界中各种事物的运动状态和变化的反映，简单地说，信息是经过加工的数据，或者说信息是数据处理的结果，泛指人类社会传播的一切内容，如音讯、消息、通信系统传输和处理的对象等。信息技术（Information Technology，IT）是一门综合的技术，人们对信息技术的定义，因其使用的目的、范围和层次不同而表述不一。信息技术主要是应用计算机科学和通信技术来设计、开发、安装和实施信息系统及应用软件，主要包括传感技术、通信技术、计算机技术和缩微技术。

现代信息技术的发展趋势可以概括为数字化、多媒体化、高速度、网络化、宽频带、智能化等。

1.2　信息的表示与存储

计算机最基本的功能是对信息进行采集、存储、处理和传输。信息的载体是数据，数据包括数值、字符、图形、图像、声音、视频等多种形式。计算机内部采用二进制方式表示数据，因此各类数据均需要转换为二进制的编码形式以便计算机进行运算处理与存储。

1. 计算机中的数据及其单位

在计算机中，各种信息都是以数据的形式出现的，对数据进行处理后产生的结果为信息，因此数据是计算机中信息的载体。计算机中的信息均用二进制数来表示。

在计算机内存储和运算数据时，常用的数据单位为：比特（Bit）、字节（Byte）、字长。

比特（位）：是度量数据的最小单位。在数字电路和计算机技术中采用二进制表示数据，代码只有"0"和"1"。

字节：是信息组织和存储的基本单位，也是计算机体系结构的基本单位。一个字节由 8 个比特（位）二进制数字组成。通常用 B（字节）、KB（千字节）、MB（兆字节）或 GB（吉字节）为单位来表示存储器的存储容量或文件的大小，即 1 KB = 1 024 B，1 MB = 1 024 KB，1 GB = 1 024 MB，1 TB = 1 024 GB。

字长：将计算机一次能够并行处理的二进制位称为该机器的字长，也称为计算机的一个"字"。字长是计算机的一个重要指标，字长越长，计算机的数据处理速度越快。计算机的字长通常是字节的整倍数，如 8 位、16 位、32 位。技术发展到今天，微型机的字长为 64 位，大型机的字长已达 128 位。

2. 常用数制及其转换

数制也称计数制，是指用一组特定的数字符号按照先后顺序排列起来，从低位向高位进位计数表示数的方法，称作进制。数制中有数位、基数（Base）和位权（Weight）3 个要素。

数位：指数码在某个数中所处的位置。

基数：指在某种数制中，每个数位上所能使用的数码的个数。

位权：指数码在不同的数位上所表示的数值的大小。位权以指数形式表达，以基数为底，其指数是数位的序号。

（1）R 进制数转换为十进制

在 R 进制数（如十进制数、二进制数、八进制数和十六进制数等）中，遵循"逢 R 进一"的进位规则，进行"按位权展开"并求和的方法，可得到等值的十进制数。

十进制（Decimal）：任意一个十进制数值都可用 0、1、2、3、4、5、6、7、8、9 共 10 个数码组成的字符串来表示。它的基数 $R=10$，其进位规则是"逢十进一"，它的位权可表示成 10^i。其按权展开式为：

例如：$(123.45)_D = 1×10^2+2×10^1+3×10^0+4×10^{-1}+5×10^{-2}$

二进制（Binary）：任意一个二进制数可用 0、1 两个数码组成的字符串来表示。它的基数 $R=2$，其进位规则是"逢二进一"，它的位权可表示成 2^i。其按权展开式为：

例如：$(1101.11)_B = 1 \times 2^3 + 1 \times 2^2 + 0 \times 2^1 + 1 \times 2^0 + 1 \times 2^{-1} + 1 \times 2^{-2}$

$$= 8 + 4 + 0 + 1 + 0.5 + 0.25$$

$$= 13.75$$

转换结果为：$(1101.11)_B = (13.75)_D$

八进制（Octal）：和十进制与二进制的讨论类似，任意一个八进制数可用 0、1、2、3、4、5、6、7 共 8 个数码组成的字符串来表示。它的基数 $R=8$，其进位规则是"逢八进一"，它的位权可表示成 8^i。其按权展开式为：

例如：$(345.04)_O = 3 \times 8^2 + 4 \times 8^1 + 5 \times 8^0 + 0 \times 8^{-1} + 4 \times 8^{-2}$

$$= 192 + 32 + 5 + 0 + 0.0625$$

$$= 229.125$$

转换结果为：$(345.04)_O = (229.0625)_D$

十六进制（Hexadecimal）：和十进制与二进制的讨论类似，任意一个十六进制数可用 0、1、2、3、4、5、6、7、8、9、A、B、C、D、E、F 共 16 个数码组成的字符串来表示，其中符号 A、B、C、D、E、F 分别代表十进制数值 10、11、12、13、14、15。它的基数 $R=16$，其进位规则是"逢十六进一"，它的位权可表示成 16^i。其按权展开式为：

例如：$(2AB.8)_H = 2 \times 16^2 + 10 \times 16^1 + 11 \times 16^0 + 8 \times 16^{-1}$

$$= 512 + 160 + 11 + 0.5$$

$$= 683.5$$

转换结果为：$(2AB.8)_H = (683.5)_D$

（2）十进制数转换为 R 进制数

整数的转换采用"除 R 取余，逆序排列"法，将待转换的十进制数连续除以 R，直到商为 0，每次得到的余数按相反的次序（即第一次除以 R 所得到的余数排在最低位，最后一次除以 R 所得到的余数排在最高位）排列起来就是相应的 R 进制数。

小数的转换采用"乘 R 取整，顺序排列"法，将被转换的十进制纯小数反复乘以 R，每次相乘乘积的整数部分若为 1，则 R 进制数的相应位为 1；若整数部分为 0，则相应位为 0。由高位向低位逐次进行，直到剩下的纯小数部分为 0 或达到所要求的精度为止。

例如（以十进制数转换为二进制数为例），将十进制数 $(124.8125)_D$ 转换成二进制数。转换结果为：$(124.8125)_D = (1111100.1101)_B$

（3）二进制数与八进制数、十六进制数的相互转换

二进制数转换为八进制数时，以小数点为界向左右两边分组，每 3 位为一组，两头不足 3 位补 0 即可。同样，二进制数转换为十六进制数时，按每 4 位为一组进行分组转换即可。

例如：

$(1101010.110101)_B = (\underline{001}\ \underline{101}\ \underline{010}.\underline{110}\ \underline{101})_B = (152.65)_O$
　　　　　　　　　1　5　2　6　5

$(10101011.11010100)_B = (\underline{1010}\ \underline{1011}.\underline{1101}\ \underline{0100})_B = (AB.D4)_H$
　　　　　　　　　　A　B　D　4

同样，八进制数或十六进制数转换为二进制数，只要将 1 位（八进制数或十六进制数）转换为 3 或 4 位（二进制数）表示即可。

例如：

$(6237.26)_O = (\underline{110}\ \underline{010}\ \underline{011}\ \underline{111}.\underline{010}\ \underline{110})_B$
　　　　　　　6　2　3　7　2　6

$(2D5C.74)_H = (\underline{0010}\ \underline{1101}\ \underline{0101}\ \underline{1100}.\underline{0111}\ \underline{0100})_B$
　　　　　　　2　D　5　C　7　4

3. 计算机西文字符编码

计算机中的信息都是用二进制编码表示的。用以表示字符的二进制编码称为字符编码。计算机中常用的字符编码有 EBCDIC 码和 ASCII 码。IBM 系列大型机采用 EBCDIC 码，微型机采用 ASCII 码。

美国标准信息交换码（ASCII）被国际化组织指定为国际标准。它有 7 位码和 8 位码两种版本。国际的 7 位 ASCII 码是用 7 位二进制数表示一个字符的编码，其编码范围从 0000000B～1111111B，共有 $2^7=128$ 个不同的编码值，相应可以表示 128 个不同的字符编码，其中包括 10 个数字、26 个小写字母、26 个大写字母、各种标点符号及专用符号、功能符等。数字"0"的 ASCII 码值是 0110000B，即 30H（其他数字的 ASCII 码值就是在数字"0"的 ASCII 码值的基础上加相应数字值）；字母"A"的 ASCII 码值是 1000001B，即 41H；字母"a"的 ASCII 码值是 1100001B，即 61H（其他字母的 ASCII 码值就是在字母"A"或"a"的 ASCII 码值的基础上加相应的序号值）。

4. 计算机中文字符编码

（1）国标码

我国于 1980 年制定了国家标准《信息交换用汉字编码字符集》（GB2312-80）。汉字信息交换码简称交换码，也叫国标码，有 7445 个字符编码，其中有 682 个非汉字图形符和 6763 个汉字的代码。有一级常用字 3755 个，二级常用字 3008 个，一级汉字按字母顺序排列，二级汉字按部首顺序排列。一个汉字对应一个区位码，由四位数字组成，前两位数字为区码（1～94），后两位数字为位码（1～94）。非汉字图形符号位于第 1～9 区；一级汉字 3 755 个，位于第 16～55 区；二级汉字 3 008 个，位于第 56～87 区。1KB 的存储空间能存储 512 个汉字国标（GB2312-80）码。两个字节存储一个国标码。

（2）汉字输入码

输入码是利用计算机标准键盘按键的不同排列组合来对汉字的输入进行编码的，也叫外码。目前，汉字输入编码方法的开发研究种类繁多，基本上可分为音码、形码、语音、手写输入或扫描输入等。若输入法不同，则输入码也不同，但最终存入计算机中的总是汉字的机内码，与所采用的输入法无关。这是因为在输入码与国标码之间存在着对应关系，不同输入码通过输入字典转换统一为标准的国标码。

（3）汉字机内码

机内码是计算机内部进行文字（字符、汉字）信息处理时使用的编码，简称内码。汉字信息在输入到计算机中后，都要转换为机内码，才能进行各种存储、加工、传输、显示和打印等处理。汉字的机内码是将国标码的两个字节的最高位分别置为 1 得到的。机内码和国标码之间的差值总是 8080H。

（4）汉字地址码

汉字地址码是指汉字库中存储汉字字型信息的逻辑地址码。它与汉字内码有着简单的对应关系，以简化内码到地址码的转换。

（5）汉字字型码

汉字字型码也叫字模或汉字输出码，用于计算机显示和打印输出汉字的外形，也就是字体或字库。字形码通常有点阵表示方式和矢量表示方式。用点阵表示汉字的字形时，汉字字形显示通常使用 16×16 点阵，汉字打印可选用 24×24、32×32、48×48 等点阵。点数越多，打印的字体越美观，但汉字占用的存储空间也越大，而不同的字体又对应不同的字库。

例如，如果用 16×16 点阵表示一个汉字，则一个汉字占 16 行，每行有 16 个点，在存储时用两个字节存放一行上 16 个点的信息。对应位为"0"，表示该点为"白"；对应位为"1"，表示该点为"黑"。因此，一个 16×16 点阵的汉字占 32 个字节。要存放 10 个 24×24 点阵的汉字字模，需要 10*24*24/8=720B。

（6）各种汉字代码之间的关系

汉字的输入、处理和输出的过程实际上是汉字的各种代码之间的转换过程。图 1-1 所示的为汉字代码在汉字信息处理系统中的位置及它们之间的关系。

图 1-1　汉字信息处理流程

国标码的编码范围为 2121H～7E7EH。区位码和国标码之间的转换方法是，将一个汉字的十进制区号和十进制位号分别转换成十六进制数，然后再分别加上 20H，就成为此汉字的国标码：

汉字国标码 = 汉字区位码 + 2020H

而得到汉字的国标码之后，就可以使用以下公式计算汉字的机内码：

汉字机内码=汉字国标码+8080H

1.3　多媒体技术

1. 多媒体技术的特征

多媒体（Multimedia）技术是指通过计算机对文字、数据、图形、图像、动画、声音等多种媒体信息进行综合处理和管理，使用户可以通过多种感官与计算机进行实时信息交互的技术。

多媒体个人计算机（Multimedia Personal Computer，MPC）是一种对多媒体信息进行获取、编辑、存取、处理和输出的计算机系统。多媒体计算机除应配置高性能的主机外，还需配置 CD-ROM 驱动器、声卡、视频卡和音箱（或耳机）等多媒体硬件。多媒体系统应配置的软件包括支持多媒体的操作系统、多媒体开发工具以及压缩、解压缩软件等。目前的微机都属于多媒体计算机。

多媒体技术具有交互性、集成性、多样性、实时性、非线性等特征。其中，集成性和交互性是最重要的，可以说它们是多媒体技术的精髓。

2. 多媒体信息数字化

多媒体数字化技术是指以数字化为基础，能够对多种媒体信息（包括音频即声音、图像、视频等）进行采样、量化和编码等，并能使各种媒体信息之间建立起有机的逻辑联系，集成为一个具有良好交互性的系统技术。

数字化的声音通过高频率的采样来实现数字化的记录并存储，图像是以 RGB 或者 CMYK 等数字化形式存储的，视频也是通过色彩及声音信息量化数字信息来记录的。

3. 常用媒体文件格式

（1）音频文件格式

在多媒体系统中，声音是必不可少的。存储声音信息的文件格式有多种，包括 WAV、MIDI、MP3、RA、WMA 等。

WAV 文件（.wav）：是微软采用的波形声音文件存储格式，主要直接录制外部音源（话筒、录音机），经声卡转换成数字化信息，播放时还原成模拟信号输出。WAV 文件直接记录了真实声音的二进制采样数据，通常文件较大，多用于存储简短的声音片段。

MIDI 文件（.midi）：乐器数字接口（Musical Instrument Digital Interface，MIDI）是电子乐器与计算机之间交换音乐信息的规范，是数字音乐的国际标准。MIDI 文件中的数据记录的是乐曲演奏的每个音符的数字信息，而不是实际的声音采样，因此 MIDI 文件要比 WAV 文件小很多，而且易于编辑、处理。

MP3 文件（.mp3）：是采用 MPEG 音频标准进行压缩的文件。MPEG 音频文件的压缩是一种有损压缩，根据压缩质量和编码复杂程度的不同，可分为 3 层（MPEG-1 Audio Layer 1/2/3），分别对应 MP1、MP2、MP3 这 3 种音频文件，其中 MP3 文件因为其压缩比高、音质接近 CD、制作简单、便于交换等优点，非常适合在网上传播，是目前使用最多的音频格式文件，其音质稍差于 WAV 文件。

RA 文件（.ra）：是由 Real Network 公司制订的网络音频文件格式，压缩比较高，采用了"音频流"技术，可实时传输音频信息。

WMA 文件（.wma）：微软新一代 Windows 平台音频标准，压缩比高，音质比 MP3 和 RA 格式强，适合网络实时传播。

还有其他的音频文件格式，例如，UNIX 下的 Au（.au）文件，苹果机的 AIF（.aif）文件等。

（2）图像文件格式

图像包括静态图像和动态图像。其中，静态图像又可分为矢量图形和位图图像两种；动态图像又分为视频和动画。常见的静态图像文件格式包括 BMP、GIF、JPEG、TIFF、PNG 等。

BMP 位图文件（.bmp）：Windows 采用的图像文件存储格式。

GIF 文件（.gif）：供联机图形交换使用的一种图像文件格式，目前在网络上被广泛采用，压缩比高，占用空间少，但颜色深度不能超过 8，即 256 色。

JPEG 文件（.jpg/.jpeg）：利用 JPEG 方法压缩的图像格式，压缩比高，适用于处理真彩大幅面图像，可以把文件压缩到很小，是互联网中最受欢迎的图像格式。

TIFF 文件（.tiff）：二进制文件格式，广泛用于桌面出版系统、图形系统和广告制作系统，并用于跨平台间图形的转换。

PNG 文件（.png）：适合网络传播的无损压缩流式图像文件格式。

（3）视频文件格式

视频文件一般相比其他媒体文件要大一些，常见的视频文件格式包括 AVI、MOV、ASF、WMV、MPG、FLV、RMVB 等。

AVI 文件（.avi）：Windows 操作系统中数字视频文件的标准格式。

MOV 文件（.mov）：QuickTime for Windows 视频处理软件所采用的视频文件格式，其图像画面的质量比 AVI 文件要好。

ASF 文件（.asf）：高级流视频格式，主要优点包括：本地或网络回放、可扩充的媒体类型、部件下载以及扩展性好等。

WMV 文件（.wmv）：微软 Windows 媒体视频文件格式，Windows Media 的核心。

MPG 文件（.mpeg/.dat/.mp4）：包括 MPEG-1、MPEG-2 和 MPEG-4 在内的多种视频格式，MPEG 系列标准已成为国际上影响最大的多媒体技术标准。

FLV 文件（.flv）：是 Flash Video 的简称，FLV 流媒体格式是一种新的视频格式。由于它形成的文件极小、加载速度极快，使得网络在线观看视频文件成为可能。

RMVB 文件（.rmv/.rmvb）：前身为 RM 格式，是 Real Networks 公司所制定的视频压缩规范，根据不同的网络传输速率，而制订出不同的压缩比率，从而实现在低速率的网络上进行影像数据实时传送和播放，具有体积小、品质接近于 DVD 的优点，是主流的视频格式之一。

4. 多媒体数据压缩

多媒体信息数字化之后，其数据量往往非常庞大。为了解决视频、图像、音频信号数据的大容量存储和实时传输问题，除了提高计算机本身的性能及通信信道的带宽外，更重要的是对多媒体进行有效的压缩。

数据压缩实际上是一个编码过程，即把原始的数据进行编码压缩，因此，数据压缩方法也称为编码方法。数据压缩可以分为无损压缩和有损压缩两种类型。

1.4　计算机病毒及其防治

计算机安全的最大威胁是计算机病毒（Computer Virus），计算机病毒是一种特殊的程序，它能自我复制到其他程序体内，影响和破坏程序的正常执行和数据的正确性，或可非法入侵并隐藏在存储媒体中的引导部分、可执行程序或数据文件中，在一定条件下被激活，从而破坏计算机系统。在《中华人民共和国计算机信息系统安全保护条例》中，计算机病毒被明确定义为："计算机病毒，是指编制或者在计算机程序中插入的破坏计算机功能或者破坏数据，影响计算机使用并且能够自我复制的一组计算机指令或者程序代码"。

1. 计算机病毒的特征和分类

（1）计算机病毒的特征

计算机病毒一般具有寄生性、破坏性、传染性、潜伏性和隐蔽性的特征。

（2）计算机病毒的分类

计算机病毒的分类方法很多，按计算机病毒的感染方式，分为引导区型病毒、文件型病毒、混合型病毒、宏病毒、Internet 病毒（网络病毒）等 5 类。

2. 计算机病毒的防治

（1）计算机感染病毒的常见症状

尽快发现计算机病毒，是有效控制病毒危害的关键。检查计算机有无病毒一是靠反病毒软件进行检测，另外要细心留意计算机运行时的异常状况。下列异常现象可作为检查计算机病毒的参考。

➢ 系统的内存空间明显变小。

➢ 磁盘文件数目无故增多。

➢ 文件或数据无故地丢失，或文件长度自动发生了变化。

➢ 系统引导或程序装入时速度明显减慢，或正常情况下可以运行的程序却突然因内存不足而不能装入。

➢ 计算机系统经常出现异常死机和重启动现象。

➢ 系统不承认硬盘或硬盘不能引导系统。

➢ 显示器上经常出现一些莫名其妙的信息或异常现象。

➢ 文件的日期/时间值被修改成最近的日期或时间（用户自己并没有修改）。

➢ 编辑文本文件时，频繁地自动存盘。

（2）计算机病毒的清除

发现计算机病毒应立即清除，将病毒危害减少到最低限度。发现计算机病毒后的解决方法如下。

➢ 启动最新的反病毒软件，对整个计算机系统进行病毒扫描和清除，使系统或文件恢复正常。

➢ 发现病毒后，应利用反病毒软件清除文件中的病毒，如果可执行文件中的病毒不能被清除，一般应将其删除，然后重新安装相应的应用程序。

➢ 某些病毒在 Windows 状态下无法完全清除，此时应用事先准备好的干净系统引导盘引导系统，然后运行相关杀毒软件进行清除。

➢ 如果计算机染上了病毒，反病毒软件也被破坏了，最好立即关闭系统，以免继续使用而使更多的文件遭受破坏。然后应用事先准备好的干净系统引导盘引导系统，安装运行相关杀毒软件进行清除。

目前较流行的杀毒软件有 360、瑞星、诺顿、卡巴斯基、金山毒霸及江民杀毒软件等。

3. 计算机病毒的防范

计算机病毒主要通过移动存储介质（如 U 盘、移动硬盘）和计算机网络两大途径进行传播。人们从工作实践中总结出一些预防计算机病毒的简易可行的措施。这些措施实际上是要求用户养成良好的使用计算机的习惯，具体归纳如下。

➢ 有效管理系统内建的 Administrator 账户、Guest 账户以及用户创建的账户，包括密码管理、权限管理等，使用计算机系统的口令来控制对系统资源的访问，以提高系统的安全性。这是防病毒进程中最容易和经济的方法之一。

➢ 安装有效的杀毒软件并根据实际需求进行安全设置。同时，定期升级杀毒软件并经常全盘查毒、杀毒。这也是预防病毒的重中之重。

➤ 打开系统中防病毒软件的"系统监控"功能，从注册表、系统进程、内存、网络等多方面对各种操作进行主动防御。

➤ 扫描系统漏洞，及时更新系统补丁。

➤ 对于未经检测过是否感染病毒的光盘、U 盘及移动硬盘等移动存储设备，在使用前应首先用杀毒软件查毒，未经检查的可执行文件不能拷入硬盘，更不能使用。

➤ 不使用盗版或来历不明的软件，浏览网页、下载文件时要选择正规的网站，对下载的文件使用查毒软件进行检查。

➤ 尽量使用具有查毒功能的电子邮箱，尽量不要打开陌生的可疑邮件。

➤ 禁用远程功能，关闭不需要的服务。

➤ 修改 IE 浏览器中与安全相关的设置。

➤ 关注目前流行病毒的感染途径、发作形式及防范方法，做到预先防范，感染后及时查毒以避免遭受更大的损失。

➤ 准备一张干净的系统引导光盘或 U 盘，并将常用的工具软件拷贝到该盘上，然后妥善保存。此后一旦系统受到病毒侵犯，就可以使用该盘引导系统，进行检查、杀毒等操作。

➤ 分类管理数据，对各类重要数据、文档和程序应分类备份保存。

【实验及操作指导】

（实验 1　鼠标、键盘操作）☆

🖱 **实验 1-1：** 掌握计算机的基本操作。（计算机系统的启动和关闭，熟悉鼠标、键盘的操作，中英文输入切换）

【实验内容】

1. 掌握计算机的启动和关闭

（1）计算机的启动

➤ 冷启动：先打开外部设备电源，再打开主机电源；计算机执行硬件测试，稍后屏幕出现 Windows 7 登录界面，登录进入 Windows 7 系统，即可对计算机进行操作。

➤ 热启动：单击"开始"菜单→"关机"命令按钮右侧向右箭头按钮，在弹出的相应的子菜单中单击"重新启动"命令，即可重新启动计算机。热启动是指在开机状态下，重新启动计算机，常用于软件故障或操作不当，导致"死机"后重新启动计算机。

➤ 复位启动：按主机面板上的复位<Reset>键。当采用热启动不起作用时，可首先采用复位键进行启动。不同型号机器复位<Reset>键位置不同。

☆ 【实验素材】 C:\大学计算机信息技术-（实验素材）\EX1

若复位热启动均不能生效时，只有关掉主机电源，等待几分钟后重新进行冷启动。

（2）计算机的关机

单击"开始"菜单→"关机"命令按钮，就可以直接将计算机关闭。如果单击"关机"命令按钮右侧向右箭头按钮，弹出的相应的子菜单中默认包含 5 个选项。

- ➢ 切换用户：当存在两个或两个以上用户的时候，可通过此按钮进行多用户的切换操作。
- ➢ 注销：用来注销当前用户，以备下一个人使用或防止数据被其他人操作。
- ➢ 锁定：锁定当前用户。锁定后需要重新输入密码认证才能正常使用。
- ➢ 重新启动：当用户需要重新启动计算机时，应选择"重新启动"。系统将结束当前的所有会话，关闭 Windows，然后自动重新启动系统。
- ➢ 睡眠：当用户短时间不用计算机又不希望别人以自己的身份使用计算机时，应选择此命令。系统将保持当前的状态并进入低耗电状态。

2. 鼠标操作练习

- ➢ 指向：将鼠标指针移动到指定的操作对象上，通常会激活对象或显示该对象的有关提示信息。
- ➢ 单击：鼠标指向某个操作对象后单击左键，可以选定该对象。
- ➢ 双击：鼠标指向某个操作对象后双击左键，可以打开或运行该对象窗口或应用程序。
- ➢ 右键单击：鼠标指向某个操作对象后单击右键，可以打开相应的快捷菜单。
- ➢ 拖动：鼠标指向某个操作对象后按住左键并拖曳鼠标光标，可以实现移动操作。

3. 熟悉键盘布局及各键的功能

键盘是计算机最常用的输入设备。PC 键盘通常分为主键盘区、功能键区、编辑键区、小键盘区（辅助键区）和状态指示区等 5 个区域，如图 1-2 所示。键盘各部分的组成及功能如表 1-1 所示。

图 1-2　常规键盘示意图

表 1-1　键盘的组成及功能介绍

键（或区域）	功　　能
主键盘区	
字母键	主键盘区的中心区域，按下字母键，屏幕上就会出现对应的字母
数字键	主键盘区上面第二排，直接按下数字键，可输入数字，按住<Shift>键不放，再按数字键，可输入数字键中数字上方的符号

续表

键（或区域）	功　　能
主键盘区	
Tab	制表键。按此键一次，光标后移一个固定的字符位置（通常为 8 个字符）
Caps Lock	大小写转换键。按下此键，若键盘右上方 Caps Lock 指示灯亮，即大写锁定，输入字母切换为大写状态；否则为小写状态
Shift	上挡键。也可用于中英文转换，主键盘区共有两个。按住此键不放，再按双字符键，则输入上挡字符
Ctrl、Alt	控制键与其他键配合实现特殊功能的控制键
Backspace	退格键。按此键一次，删除光标左侧一个字符
Space Bar	空格键。按此键一次，当前光标处产生一个空格
Enter	回车键。确定有效或结束逻辑行
功能键区	
Esc	取消键或退出键。一般被定义为取消当前操作或退出当前窗口
Print Screen	打印键/拷屏键。按此键可将整个屏幕复制到剪贴板；按<Alt + Print Screen>组合键可将当前活动窗口复制到剪贴板
Pause Break	暂停键。用于暂停执行程序或命令，按任意字符键后，再继续执行
F1～F12	功能键。其功能由操作系统或应用程序所定义
编辑键区	
Ins/Insert	插入/改写转换键。按下此键，进行插入/改写状态转换，在光标左侧插入字符或覆盖光标右侧字符
Del/Delete	删除键。按下此键，删除光标右侧字符
PgUp/PageUp	向上翻页键。按此键一次光标上移一页
PgDn/PageDown	向下翻页键。按此键一次光标下移一页
Home	行首键。按下此键，光标移到行首
End	行尾键。按下此键，光标移到行尾
←	光标移动键。按此键一次，光标左移一列
→	光标移动键。按此键一次，光标右移一列
↑	光标移动键。按此键一次，光标上移一行
↓	光标移动键。按此键一次，光标下移一行
小键盘区（辅助键区）	
数字键	当 Num Lock 指示灯亮时，该区处于数字键状态，可输入数字和运算符号
编辑键	当 Num Lock 指示灯灭时，该区处于编辑状态，利用小键盘的按键可进行光标移动、翻页和插入、删除等编辑操作
状态指示区	
Num Lock 指示灯	Num Lock 指示灯的亮灭，可判断出数字小键盘状态
Caps Lock 指示灯	Caps Lock 指示灯的亮灭，可判断出字母大小写状态
Scroll Lock 指示灯	Scroll Lock 指示灯的亮灭，可判断出滚动锁定状态

4. 输入方法状态切换

可以使用以下两种方式对输入方法进行状态切换。

> 中文与英文输入状态切换：使用<Ctrl+空格>组合键。
> 各种中文输入方法之间的切换：使用<Ctrl+Shift >组合键。

　　　　　录入短文时，尽量使用词组输入，这样可以加快录入速度，也可减少重码。录入时可以定时训练，测试自己的录入速度。

实验 1-2：掌握计算机的基本操作。（添加和删除输入法，更改鼠标，更改键盘）

【实验内容】

1. 添加和删除输入法

当用户遇到系统自带的输入法是多余的，而需要的输入法没安装的情况时，用户可以自行添加所需输入法，也可将多余的输入法删除，节约选择输入法的时间。

① 鼠标右键单击任务栏的输入法图标，弹出图 1-3 所示的快捷菜单，选择"设置"选项，打开"文本服务和输入语言"对话框，如图 1-4 所示。

② 如果要添加输入法，单击对话框中的"添加"按钮，打开"添加输入语言"对话框（如图 1-5 所示），选择需要添加的输入法。

图 1-3　语言栏设置快捷菜单

③ 单击"确定"按钮即可。

如果需要删除输入法，则在图 1-4 所示对话框中，选中要删除的输入法，单击"删除"→"确定"按钮即可。

图 1-4　"文本服务和输入语言"对话框

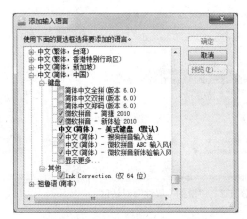

图 1-5　"添加输入语言"对话框

2. 更改鼠标

① 单击"开始"→"控制面板"命令，打开"控制面板"窗口（如图 1-6 所示），在"小图标"查看方式下，单击"鼠标"选项，打开"鼠标 属性"对话框，如图 1-7 所示。

② 在"指针"选项卡设置不同状态下对应的鼠标图案，如选择"正常选择"选项，单击"浏

览"按钮,打开"浏览"对话框(如图1-8所示),选择需要的图标。

③ 单击"打开"按钮,返回到"鼠标 属性"对话框,单击"确定"按钮,即可更改鼠标形状。

图1-6   "控制面板"窗口

图1-7   "鼠标 属性"对话框

图1-8   "浏览"对话框

3. 更改键盘

① 单击"开始"→"控制面板"命令,打开"控制面板"窗口(如图1-6所示),在"小图标"查看方式下,单击"键盘"选项,打开"键盘 属性"对话框,如图1-9所示。

② 在"速度"选项卡中,可以设置"字符重复"和"光标闪烁速度",拖动滑块即可调节。设置完成后,单击"确定"按钮。

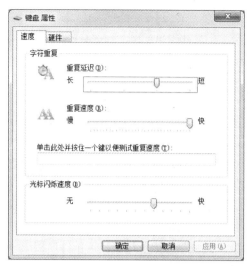

图 1-9　"键盘 属性"对话框

 实验 1-3：英文录入。（熟练英文语句及单词的输入方式）

【实验内容】

完成下列英文录入，限时 10 分钟。

Abstract: Because of a shortage of parking spaces, illegal and sidewalk parking are becoming increasingly prominent in cities. Finding effective measures to increase parking space and alleviate parking problems are challenges faced by many cities. On the basis of research on parking lot distribution and parking rules, this paper proposes a strategy of free and shared parking. Charges for public parking lots should be suspended and parking management should be strengthened. New public buildings, while satisfying their own parking needs, should also take on the responsibility of providing some public parking spaces. Residential districts and public buildings could share their parking spaces.

 实验 1-4：汉字录入。（熟练掌握汉字、英文和各种标点符号的输入方式，输入法不限）

【实验内容】

完成下列汉字录入，方法不限，限时 10 分钟（内容在 250 到 300 字之间）。

对于一个段落，必须确定左右边界，以使各行共同遵循，保证整齐。规定段落边界是以全文档的页面设置为基础的，具体说来就是，段落的左右边界分别以左右"页边距"的位置为基准，从这个位置可以再向内移动。分别叫做（左边界的）"左缩进"和（右边界的）"右缩进"。缩进的量（以厘米或英寸为单位）可正可负，正缩进是向内（向中央），负缩进是向外，缺省的缩进值为 0，即段的边界与页边距规定的位置重合。设定边界的方法也有几种，首先要选取一个或几个段落作为设置的对象，然后可以单击"格式"菜单里的"段落"命令项，在其对话框中进行设定。更方便的方法是用鼠标在标尺上拖动相应的符号。

实验 1-5：汉字录入。（熟练掌握汉字、英文和各种标点符号的输入方式，输入法不限）

【实验内容】

完成下列汉字录入，方法不限，限时 10 分钟（内容在 250～300 字）。

关系型数据库管理系统负责按照关系模型去定义、建立数据库，并对之进行各种操作。在这些操作中，除了输入记录、删除记录、修改记录等常规处理外，用户使用已经建成的数据库时最普遍的需求就是查找（或称检索）。关系型数据库为此提供三种最基本的关系运算：选择（筛选），即由用户指定条件，从一个"关系"中挑出符合这些条件的记录；投影，即由用户指定若干个字段，从一个"关系"中挑出各个记录里这些字段的值，（严格地说，还应当再去掉在这些字段上重复的记录）；连接，把两个"关系"的记录按照一定条件连接成一个新记录。上述三种关系运算，可以单独进行，也可以结合在一起进行。

 实验 1-6：汉字录入。（熟练掌握汉字、英文和各种标点符号的输入方式，输入法不限）

【实验内容】

完成下列汉字录入，方法不限，限时 10 分钟（内容在 250 到 300 字之间）。

我国于 1980 年制定了国家标准《信息交换用汉字编码字符集》（GB2312—80）。汉字信息交换码简称交换码，也叫国标码。规定了 7445 个字符编码，其中有 682 个非汉字图形符和 6763 个汉字的代码。有一级常用字 3755 个，二级常用字 3008 个，一级汉字按字母顺序排列，二级汉字按部首顺序排列。一个汉字对应一个区位码，由四位数字组成，前两位数字为区码（1～94），后两位数字为位码（1～94）。非汉字图形符号位于第 1～11 区，一级汉字 3755 个位于第 16～55 区，二级汉字 3008 个位于第 56～87 区。1KB 的存储空间能存储 512 个汉字国标（GB2312-80）码。两个字节存储一个国标码。

第2章
计算机系统

【大纲要求重点】

- 计算机软、硬件系统的组成及主要技术指标。
- 操作系统的基本概念、功能、组成及分类。
- Windows 7 操作系统的基本概念和常用术语、文件、文件夹、库等。
- Windows 7 操作系统的基本操作和应用：掌握桌面外观的设置、基本的网络配置，熟练掌握资源管理器的操作与应用，掌握文件、磁盘、显示属性的查看、设置等操作，掌握检索文件、查询程序的方法。
- 了解软、硬件的基本系统工具，中文输入法的安装、删除和选用。

【知识要点】

2.1 计算机系统的组成

1. 计算机的工作原理

计算机的基本工作原理是存储程序和程序控制。计算机的工作过程就是执行程序的过程，即把预先设计好的操作序列（称为程序）和原始数据通过输入设备输送到计算机内存储器中，按照程序的顺序一步一步取出指令，自动地完成指令规定的操作。这一原理最初是由美籍匈牙利数学家冯·诺依曼提出的，故也称为冯·诺依曼原理。

2. 计算机系统的组成

一个完整的计算机系统由计算机硬件系统及软件系统两大部分构成。硬件系统是指计算机系统中的实际装置，是构成计算机的看得见、摸得着的物理部件，它是计算机的"躯体"。软件系统是指计算机所需的各种程序及有关资料，它是计算机的"灵魂"。

2.2 计算机的硬件系统

1. 计算机硬件系统的组成

尽管各种计算机在性能、用途和规模上有所不同，但其基本结构都遵循冯·诺依曼体系结构，它由运算器、控制器、存储器、输入和输出设备5个部分组成。

（1）运算器

运算器又称为算术逻辑单元（Arithmetic Logic Unit，ALU），是计算机对数据进行加工处理的部件，它的主要功能是执行各种算术运算和逻辑运算。

（2）控制器

控制器是计算机指挥和控制其他各部分工作的指挥中心，是计算机的神经中枢。它的基本功能就是从内存中取出指令和执行指令，对计算机各部件发出相应的控制信息，接收各部件反馈回来的信息，并根据指令的要求，使它们协调工作。

运算器和控制器是整个计算机系统的核心部件，这两部分集成在一起合称为中央处理单元（Central Processing Unit，CPU），又称为中央处理器，它可以直接访问内存储器。

（3）存储器

存储器分为两大类，一类是内存储器（简称内存或主存），主要是临时存放当前运行的程序和所使用的数据。另一类是外存储器（简称外存或辅存），主要是用于永久存放暂时不使用的程序和数据。

内存按其功能可划分为随机存取存储器（Random Access Memory，RAM）、只读存储器（Read Only Memory，ROM）、高速缓冲存储器（Cache）等。

随机存取存储器（RAM）：其特点是可以读出，也可以写入。读出时并不改变原来存储的内容，只有写入时才修改原来所存储的内容。一旦断电（关机），存储内容立即消失，即具有易失性。

只读存储器（ROM）：其特点是只能读出原有的内容，不能由用户再写入新内容。存储的内容是由厂家一次性写入的，并永久保存下来。它一般用来存放专用的固定的程序和数据，断电后信息不会丢失。

高速缓冲存储器（Cache）：是一种位于CPU与内存之间的存储器，即CPU的缓存。它的存取速度比普通内存快得多，但容量有限，主要用于提高CPU"读写"程序、数据的速度，从而提高计算机整体的工作速度和整个系统的性能。

外存储器用于备份和补充。外存储器一般容量大，但存取速度相对较低。目前，常用的外存储器有硬盘、U盘和光盘等。

（4）输入设备

输入设备负责将数字、程序、文字符号、图形、图像、声音等信息输送到计算机中。常用的输入设备有键盘、鼠标。另外还有扫描仪、摄像头、触摸屏、条形码阅读器、光学字符阅读器（OCR）、语音输入设备、书写输入设备、光笔、数码相机等。

（5）输出设备

输出设备负责将主机内的信息转换成数字、文字、符号、图形、图像、声音等形式进行输出。

常用的输出设备有显示器、打印机，还有绘图仪、影像输出、语音输出、磁记录设备等。

2. 计算机的结构

计算机硬件系统五大组件并非孤立存在，它们在处理信息的过程中需要相互连接和传输，计算机的结构反映了计算机各个组成部件之间的连接方式。

早期计算机主要采用直接连接的方式，运算器、存储器、控制器和外部设备等组成部件之间都有单独的连接线路。

现代计算机普遍采用总线结构。总线（Bus）是一种内部结构，它是 CPU、内存、输入、输出设备传递信息的公用通道，主机的各个部件通过总线相连接，外部设备通过相应的接口电路再与总线相连接，从而形成计算机硬件系统。按照计算机所传输的信息种类，计算机的总线可以划分为数据总线、地址总线和控制总线，分别用来传输数据、数据地址和控制信号。

2.3　计算机的软件系统

计算机软件系统是指为运行、管理和维护计算机而编制的各类程序、数据及相关文档的总称。计算机软件系统与硬件系统两者相互依存，软件依赖于硬件的物质条件，而硬件则需在软件支配下才能有效地工作。

1. 软件的概念

软件是用户与硬件之间的接口，用户通过软件使用计算机硬件资源，软件的主体是程序。程序是按一定顺序执行并能完成某一任务的指令集合。用于书写计算机程序的语言则称为程序设计语言。

程序设计语言一般分为机器语言、汇编语言和高级语言 3 类。

机器语言：用直接与计算机联系的二进制代码指令表达的计算机编程语言，是第一代计算机语言，也是唯一能够由计算机直接识别和执行的语言。对于计算机而言，机器语言不需要任何翻译，但不易记忆，难于修改。

汇编语言：用能反映指令功能的助记符表达的计算机语言，即第二代计算机语言。汇编语言是符号化的机器语言。用汇编语言写出的程序称为汇编语言源程序，必须翻译成机器语言目标程序才能在计算机中执行，这个翻译过程称为汇编过程。

高级语言：机器语言和汇编语言都是面向机器的语言。高级语言是一种与具体的计算机指令系统表面无关，描述方法接近人类自然语言和数学公式，并具有共享性、独立性等特点。用高级语言编辑输入的程序称为源程序，必须翻译成机器语言目标程序才能在计算机中执行，翻译有编译方式和解释方式。常用的高级程序设计语言有：Visual Basic、C、C++、Java 等。

2. 软件系统的组成

计算机软件分为系统软件（System Software）和应用软件（Application Software）两大类。

（1）系统软件

系统软件由一组控制计算机系统并管理其资源的程序组成，其主要功能包括：启动计算机，存储、加载和执行应用程序，对文件进行排序、检索，将程序语言翻译成机器语言等。系统软件主要包括操作系统、语言处理系统、数据库管理系统和系统辅助处理程序等，其中最主要的是操作系统，它处在计算机系统中的核心位置，可以直接支持用户使用计算机硬件，也支持用户通过应用软件使用计算机。

（2）应用软件

应用软件是用户可以使用的用各种程序设计语言编制的应用程序的集合。常用的应用软件有通用办公处理软件、多媒体处理软件、Internet 工具软件和专用应用软件等。

2.4 操 作 系 统

1. 操作系统概念

操作系统（Operating System，OS）是介于硬件和应用软件之间的一个系统软件，是对计算机硬件系统的第一次扩充。操作系统负责控制和管理计算机系统中的各种硬件和软件资源，合理地组织计算机系统的工作流程，为其他软件提供单向支撑，为用户提供一个使用方便可扩展的工作平台和环境。

操作系统中的重要概念有进程、线程、内核态和用户态。

进程：是操作系统中的一个核心概念，进程一般是指"进行中的程序"，即：进程=程序+执行。

线程：是进程的一个实体，是 CPU 调度和分派的基本单位，它是比进程更小的能独立运行的基本单位。

内核态和用户态：内核态即特权态，拥有计算机中所有的软硬件资源，享有最大权限，一般关系到计算机根本运行的程序应该在内核态下执行（如 CPU 管理和内存管理）。用户态即普通态，其访问资源的数量和权限均受到限制，一般将仅与用户数据和应用相关的程序放在用户态中执行。

2. 操作系统的功能和种类

（1）操作系统的功能

操作系统是对计算机系统进行管理、控制、协调的程序的集合，按这些程序所要管理的资源来确定操作系统的功能。操作系统的功能主要包括存储器管理、作业管理、信息管理、设备管理等。

（2）操作系统的种类

操作系统的种类繁多，按照功能和特性可分为批处理操作系统、分时操作系统和实时操作系统等，按照同时管理用户数的多少分为单用户操作系统和多用户操作系统，按照有无管理网络环境的能力可分为网络操作系统和非网络操作系统。通常操作系统有单用户操作系统（Single User Operating System）、批处理操作系统（Batch Processing Operating System）、分时操作系统（Time-Sharing Operating System）、实时操作系统（Real-Time Operating System）、网络操作系统（Network Operating System）等 5 种主要类型。

3. 常用操作系统

在计算机的发展过程中，出现过许多不同的操作系统，其中常用的有 DOS、MacOS、Windows、Linux、Free BSD、UNIX/Xenix、OS/2 等。从应用的角度来看，可将常用的典型操作系统划分为：服务器操作系统、PC 操作系统、实时操作系统和嵌入式操作系统 4 类。

2.5　Windows 7 操作系统

1. Windows 7 概念

Windows 操作系统是当前应用范围最广、使用人数最多的个人计算机操作系统。Windows 7（简称 Win7）操作系统是 Microsoft 公司在之前的 Windows 版本基础上，改进而推出的新一代的操作系统，为用户提供了易于使用和快速操作的应用环境。

Windows 7 在硬件性能要求、系统性能、可靠性等方面，都远远超过了以往的 Windows 操作系统，是微软开发的非常成功的一款产品。

Windows 7 对硬件的基本要求如下。

➢ 1GHz 或更快的 32 位或 64 位处理器。

➢ 1 GB 物理内存（32 位）或 2 GB 物理内存（64 位）。

➢ 16 GB（32 位）可用硬盘空间或 20 GB（64 位）可用硬盘空间。

➢ DirectX 9 图形设备（WDDM 1.0 或更高版本的驱动程序）。

➢ 屏幕纵向分辨率不低于 768 像素。

2. 使用和设置 Windows 7

（1）Windows 7 桌面的组成

启动 Windows 7 后，出现的桌面主要包括桌面图标、桌面背景和任务栏。桌面图标主要包括系统图标和快捷图标，和 Windows XP 图标组成是一样的，操作方式也是一样的。桌面背景可以根据用户的喜好进行设置。任务栏有很多的变化，主要由"开始"按钮、快速启动区、语言栏、系统提示区以及显示桌面按钮组成。

（2）桌面的个性化设置

桌面外观设置：右键单击桌面空白处，在弹出的快捷菜单中选择"个性化"命令，打开"个性化"窗口，Windows 7 在"Aero 主题"下预置了多个主题，直接单击所需主题即可改变当前桌面的外观。

桌面背景设置：如果需要自定义个性化桌面背景，可以在"个性化"窗口下方单击"桌面背景"图标，打开"桌面背景"窗口，选择单张或多张系统内置图片，单击"保存修改"按钮完成操作。

桌面小工具的使用：Windows 7 提供了时钟、天气、日历等一些实用的小工具。右键单击桌面空白处，在弹出的快捷菜单中选择"小工具"，打开"小工具"窗口，直接将要使用的小工具拖动到桌面即可。

2.6　管理文件和文件夹资源

1. 文件和文件夹管理的概念

（1）文件和文件夹

文件和文件夹是计算机管理数据的重要方式。文件是以单个名称在计算机上以二进制的形式存储的信息集合，是操作系统管理信息和独立进行存取的基本（或最小）单位。文件夹是图形用户界面中程序和文件的容器，用于存放文件、快捷方式和子文件夹，由一个"文件夹"的图标和文件夹名来表示。文件通常放在文件夹中，文件夹中除了文件外还可有子文件夹，子文件夹中又可以包含文件。

（2）资源管理器设置

资源管理器是 Windows 系统提供的资源管理工具，用户可以使用它查看计算机中的所有资源，特别是它提供的树型文件系统结构，能够让使用者更清楚、更直观地认识计算机中的文件和文件夹。Windows 7 资源管理器以新界面、新功能带给用户新体验。

在任务栏中单击"Windows 资源管理器"按钮，或在"开始"按钮上单击鼠标右键，在弹出的快捷菜单中选择"打开 Windows 资源管理器"菜单命令，打开 Windows 7 资源管理器窗口，如图 2-1 所示。Windows 7 资源管理器窗口主要由地址栏、搜索栏、菜单栏、工具栏、导航窗格、细节窗格和工作区等组成。

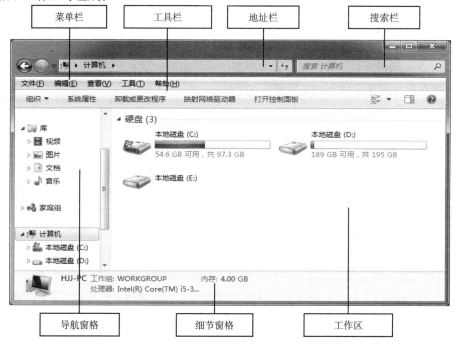

图 2-1　Windows 7 资源管理器窗口

地址栏：Windows 7 资源管理器的地址栏采用了一种新的导航功能，使用级联按钮取代传统的纯文本方式，它将不同层级路径由不同按钮分割，用户通过单击按钮即可实现目录跳转。

搜索栏：Windows 7 将搜索栏集成到了资源管理器的各种视图（窗口右上角）中，不但方便随时查找文件，更可以指定文件夹进行搜索。

菜单栏：在打开的窗口中按<Alt>键，菜单栏将显示在工具栏上方。若要隐藏菜单栏，可单击任何菜单项或者再次按<Alt>键。若要永久显示菜单栏，在工具栏中选择"组织"→"布局"→"菜单栏"命令，选中"菜单栏"，即可永久显示。

导航窗格：Windows 7 资源管理器内提供了"收藏夹""库""计算机"和"网络"等按钮，用户可以使用这些链接快速跳转到目的结点，从而更好地组织、管理及应用资源，并进行更为高效的操作。

细节窗格：Windows 7 资源管理器提供更加丰富详细的文件信息，用户还可以直接在"细节窗格"中修改文件属性并添加标记。

2. 文件和文件夹基本操作

（1）新建文件或文件夹

新建文件可以通过两种方法实现：在需要新建文件的窗口区域中空白处单击鼠标右键，从弹出的快捷菜单中选择"新建"→"Microsoft Word 文档"选项（也可以选择其他类型文件，如"文本文档"等）。此时窗口区域中将自动新建一个名为"新建 Microsoft Word 文档"的文件，将其更名后单击<Enter>键即可完成新文件的创建和命名。也可以在应用程序窗口中新建文件。

新建文件夹的方法也有两种：通过单击鼠标右键在弹出的快捷菜单中实现新建文件夹，操作方法与新建文件相似；也可以通过"工具栏"上的"新建文件夹"命令实现新建文件夹。

（2）选定文件或文件夹

➢ 选定单个文件（夹）：将鼠标指针指向要选定的文件（夹）单击。

➢ 选定多个连续文件（夹）：单击要选定的第一个文件（夹），按住<Shift>键，再单击要选定的最后一个文件（夹），则可选定多个连续的文件（夹）。

➢ 选定多个不连续文件（夹）：单击要选定的第一个文件（夹），按住键盘上的<Ctrl>键，再依次单击其他要选定的文件（夹），则可选定多个不连续的文件（夹）。

➢ 全选文件（夹）：执行资源管理器中"编辑"菜单→"全选"命令，或者按下键盘上的<Ctrl+A>组合键，则可选定全部文件（夹）。

（3）创建文件或文件夹的快捷方式

在需要创建快捷方式的文件（夹）上单击鼠标右键，从弹出的快捷菜单中选择"创建快捷方式"命令即可。创建好的快捷方式可以存放到桌面上或者其他文件夹中，具体操作与文件（夹）的复制或移动相同。

（4）重命名文件或文件夹

重命名文件（夹）可以通过以下 3 种方法实现。

➢ 先选定再单击需要重命名的文件（夹），此时文件（夹）名称处于可编辑状态，直接输入新的文件（夹）名称即可。

➢ 在需要重命名的文件（夹）上单击鼠标右键，从弹出的快捷菜单中选择"重命名"命令来实现重命名。

➢ 选定需要重命名的文件（夹），单击"工具栏"上的"组织"命令，在下拉菜单中选择"重命名"命令来实现重命名。

（5）移动或复制文件或文件夹

关于文件或文件夹的移动或复制操作，具体有以下 4 种操作方法。

➢ 选定需要移动或复制的文件（夹），按下鼠标左键拖动，进入目标位置上后释放，即可实现同一磁盘文件（夹）的移动和不同磁盘文件（夹）的复制。按住<Ctrl>键的同时按下鼠标左键拖动进入目标位置后释放，即可实现同一磁盘文件（夹）的复制。按住<Shift>键的同时按下鼠标左键拖动，进入目标位置后释放，即可实现不同磁盘文件（夹）的移动。

➢ 选定需要移动或复制的文件(夹)，按下<Ctrl+X>组合键剪切，进入目标位置，按下<Ctrl+V>组合键可实现移动文件（夹）。按下<Ctrl+C>组合键复制，进入目标位置，按下<Ctrl+V>组合键可实现复制文件（夹）。

> 在需要移动或复制的文件（夹）上单击鼠标右键，在弹出的快捷菜单中选择"剪切""复制""粘贴"命令来实现文件（夹）的移动或复制。

> 选定需要移动或复制的文件（夹），单击"工具栏"上的"组织"命令，在下拉菜单中选择"剪切""复制""粘贴"命令来实现文件（夹）的移动或复制。

（6）删除和恢复文件或文件夹

文件（夹）的删除可以分为暂时删除（暂存到回收站里）或彻底删除（回收站不存储）两种，具体可以通过以下4种方法实现。

> 在需要删除的文件（夹）上单击鼠标右键，在弹出的快捷菜单中选择"删除"命令，此时会出现"删除文件（夹）"提示信息框，询问"您确实要把此文件（夹）放入回收站吗？"，单击"是"按钮，则将删除的文件（夹）放入回收站中；单击"否"按钮，则取消此次删除操作。

> 选定需要删除的文件（夹），单击"工具栏"上的"组织"命令，在下拉列表中选择"删除"命令实现文件（夹）的删除。

> 选定需要删除的文件（夹），按下键盘上的<Delete>键也可实现文件（夹）的删除。

> 选定需要删除的文件（夹），按住鼠标左键拖动到"回收站"图标上也能实现文件（夹）的删除。

通过删除操作放入回收站的文件（夹），都可以从回收站中将其恢复。具体操作：双击桌面上的"回收站"图标，在打开的"回收站"窗口中选中要恢复的文件（夹），单击鼠标右键在弹出的快捷菜单中选择"还原"，或者单击"工具栏"上的"还原此项目"命令按钮即可。

在"回收站"窗口中单击"清空回收站"按钮，可以彻底删除回收站中的所有项目。

注意　　如果文件（夹）被彻底删除，通过"回收站"无法恢复，但通过专门的数据恢复软件（如 FinalData 等）可以实现全部或部分恢复。

（7）隐藏文件或文件夹

设置文件（夹）的隐藏属性，操作方法如下。

在需要隐藏的文件（夹）上单击鼠标右键，在弹出的快捷菜单中选择"属性"命令，在打开的"文件（夹）属性"对话框中选定"隐藏"复选框，单击"确定"按钮，即可完成对所选文件（夹）的隐藏属性设置。

在文件夹选项中设置不显示隐藏文件，操作方法如下。

单击文件夹窗口工具栏中的"组织"按钮，从弹出的下拉列表中选择"文件夹和搜索选项"选项，或者直接单击"工具"菜单→"文件夹选项"命令，打开"文件夹选项"对话框，切换到"查看"标签，然后在"高级设置"列表框中选中"不显示隐藏的文件、文件夹和驱动器"单选按钮，单击"确定"按钮，即可将设置为隐藏属性的文件（夹）隐藏起来。

（8）压缩和解压缩文件或文件夹

与 Windows Vista 一样，Windows 7 操作系统也内置了压缩文件程序，用户无需借助第三方压缩软件（如 WinRAR 等），就可以实现对文件（夹）的压缩和解压缩。

选中要压缩的文件（夹），单击鼠标右键，在弹出的快捷菜单中选择"发送到"→"压缩（zipped）文件夹"命令，或者在弹出的快捷菜单中直接选择"添加到…….zip"命令。系统弹出"正在压缩…"对话框，绿色进度条显示压缩的进度；"正在压缩…"对话框自动关闭后，可以看到窗口中已经出现了对应文件（夹）的压缩文件（夹），可以重新对其命名。

如果要向压缩文件中添加文件（夹），可以选中要添加的文件（夹），按住鼠标左键，拖动到压缩文件中即可。如果要解压缩文件，可以选中需要解压缩的文件，单击鼠标右键，在弹出的快捷菜单中选择"解压到当前文件夹"命令即可实现在当前文件夹解压缩。也可以选择"解压到……"命令，实现更换目录解压缩。

 利用 WinRAR 等第三方压缩软件压缩文件(夹)操作与系统内置压缩软件操作类似。

3. Windows 7 中的搜索和库

（1）搜索文件或文件夹

利用 Windows 7 提供的搜索功能可以实现在计算机中查找所需的文件或文件夹。根据不同的查找需求可以采用不同的查找方法。

Windows 7 将搜索栏集成到了"资源管理器"窗口（窗口右上角）中，利用搜索栏中的筛选器可以轻松设置检索条件，缩小检索范围。其方法是：在搜索栏中直接单击搜索筛选器，选择需要设置参数的选项，直接输入恰当条件即可。另外，普通文件夹搜索筛选器只包括"修改日期"和"大小"两个选项，而库的搜索筛选器则包括"种类""类型""名称""修改日期"和"标记"等多个选项。

Windows 7 在"开始"菜单中提供"检索程序和文件"搜索框，使得查找程序一键完成。"开始"菜单上的搜索主要用于对程序、控制面板和 Windows 7 小工具的查找，使用前提是知道程序全称或名称关键字。在"检索程序和文件"中输入关键字"计算机"，即可直接在搜索结果中打开所需程序。

（2）使用 Windows 7"库"

"库"是 Windows 7 系统众多新特性的亮点之一。其功能将各个不同位置的文件资源组织在一个个虚拟的"仓库"中，这样集中在一起的各类资源自然可以极大地提高用户的使用效率。Windows 7 中默认提供的库的类型有 4 种，即"视频""图片""文档"和"音乐"。

库的使用彻底改变了文件管理方式，从死板的文件夹方式变为灵活方便的库方式。库和文件夹有很多相似之处，如在库中也可以包含各种子库和文件。但库和文件夹有本质区别，在文件夹中保存的文件或子文件夹都存储在该文件夹内，而库中存储的文件来自四面八方。确切地说，库并不存储文件本身，而仅保存文件快照（类似于快捷方式）。

如果要添加文件到库，则右键单击需要添加的目标文件夹，在弹出的快捷菜单中选择"包含到库中"命令，如果在其子菜单中选择一项类型，则将文件夹加入到对应的库的类型中；如果在其子菜单中选择"创建新库"，则将文件夹加入到库的根目录下，成为库中的新增类型。也可以选中需要添加的目标文件夹，直接单击窗口左上方的"包含到库中"按钮，在其下拉子菜单中进行选择设置。

如果要增加库，则在"库"根目录下右键单击窗口空白区域，在弹出的快捷菜单中选择"新建"→"库"命令，输入库名即可创建一个新的库。或在"库"根目录下直接单击窗口左上方"新建库"按钮即可。

2.7 管理程序和硬件资源

1. 软件兼容性问题

（1）自动解决软件兼容性问题
具体操作步骤如下。

① 右键单击应用程序或其快捷方式图标，在弹出的快捷菜单中选择"兼容性疑难解答"命令，打开"程序兼容性"向导对话框。

② 在"程序兼容性"向导对话框中，单击"尝试建议的设置"命令，系统会根据程序自动提供一种兼容性模式让用户尝试运行。单击"启动程序"按钮来测试目标程序是否能正常运行。

③ 完成测试后，单击"下一步"按钮，在"程序兼容性"向导对话框中，如果程序已经正常运行，则单击"是，为此程序保存这些设置"命令，否则单击"否，使用其他设置再试一次"命令。

④ 若系统自动选择的兼容性设置能保证目标程序正常运行，则在"测试程序的兼容性设置"对话框中单击"启动程序"按钮，检查程序是否正常运行。

（2）手动解决软件兼容性问题
具体操作步骤如下。

① 右键单击应用程序或其快捷方式图标，在弹出的快捷菜单中选择"属性"命令，打开"属性"对话框，切换到"兼容性"选项标签。

② 选择"以兼容模式运行这个程序"复选框，在下拉列表中选择一种与应用程序兼容的操作系统版本。通常基于 Windows XP 开发的应用程序选择"Windows XP（Service Pack2）"即可正常运行。

③ 默认情况下，上述修改仅对当前用户有效，若希望对所有用户账号均有效，则需要单击"属性"→"兼容性"对话框下的"更改所有用户的设置"按钮，进行兼容模式设置即可。

④ 如果当前 Windows 7 默认的账户权限（User Account Control，UAC）无法执行上述操作，则在"所有用户的兼容性"对话框的"特权等级"一栏中勾选"以管理员身份运行此程序"复选框，以提升执行权限。单击"确定"即可。

（3）硬件管理
Windows 7 通过"控制面板"→"设备和打印机"界面管理所有和计算机连接的硬件设备。
以下是添加本地打印机的操作步骤。

① 选择"开始"菜单→"控制面板"→"设备和打印机"选项，打开"设备和打印机"窗口，单击其中的"添加打印机"命令按钮。

② 打开"添加打印机"对话框，可以选择"添加本地打印机"或"添加网络、无线或 Bluetooth 打印机（W）"选项（例如，选择"添加本地打印机"）。

③ 打开"选择打印机端口"对话框，选中"使用现有的端口"单选项，在其后面的下拉列表框中选择打印机连接的端口（一般使用默认端口设置），单击"下一步"按钮。

④ 打开"安装打印机驱动程序"对话框，在"厂商"列表框中选择打印机的生产厂商，在"打印机"列表框中选择安装打印机的型号，单击"下一步"按钮。

⑤ 打开"键入打印机名称"对话框，在"打印机名称"文本框中输入名称（一般使用默认名称），单击"下一步"按钮。

⑥ 系统开始安装驱动程序，安装完成后打开"打印机共享"对话框。如果不需要共享打印机，则选中"不共享这台打印机"单选项，单击"下一步"按钮。

⑦ 在打开的对话框中选中"设置为默认打印机"复选框可设置其为默认的打印机，单击"完成"按钮即可完成打印机的添加。

打印机安装完成后，单击"控制面板"→"设备和打印机"选项，在打开的窗口中双击安装的打印机图标，即可根据打开的窗口查看打印机状态，包括查看当前打印内容、设置打印属性和调整打印选项等。

2. Windows 7 网络配置和应用

Windows 7 中，几乎所有与网络相关的操作和控制程序都在"网络和共享中心"面板中，通过简单的可视化操作命令，用户可以轻松连接到网络。

（1）连接到宽带网络（有线网络）

操作步骤如下。

① 选择"开始"菜单→"控制面板"→"网络和共享中心"选项，打开"网络和共享中心"窗口。

② 在"更改网络设置"下单击"设置新的链接或网络"命令，在打开的对话框中选择"连接Internet"命令。

③ 在"连接到 Internet"对话框中选择"宽带（PPPoE）（R）"命令，并在随后弹出的对话框中输入 ISP 提供的"用户名""密码"以及自定义的"连接名称"等信息，单击"连接"命令。

使用时，只需单击任务栏通知区域的网络图标，选择自建的宽带连接即可。

（2）连接到无线网络

如果安装 Windows 7 系统的计算机是笔记本电脑或者具有无线网卡，则可以通过无线网络连接进行上网，具体操作如下：单击任务栏通知区域的网络图标，在弹出的"无线网络连接"面板中双击需要连接的网络。如果无线网络设有安全加密，则需要输入安全关键字即密码。

3. 系统维护和优化

（1）减少 Windows 启动加载项

使用"控制面板"中的"系统配置"功能管理开机启动项，具体操作步骤如下。

① 选择"开始"菜单→"控制面板"→"管理工具"选项，打开"管理工具"窗口。

② 在"管理工具"窗口中选择"系统配置"选项，打开"系统配置"对话框的"启动"标签。在显示的启动项目中可以取消不希望登录后自动运行的项目。

尽量不要关闭关键性的自动运行项目，如系统程序、病毒防护软件等。

（2）提高磁盘性能

磁盘碎片整理，具体操作步骤如下。

① 单击"开始"菜单→"搜索栏"，输入"磁盘"，在检索结果中选择"程序"项下的"磁盘碎片整理程序"命令，即可打开"磁盘碎片整理程序"对话框。

② 如果在"磁盘碎片整理程序"对话框中单击"配置计划"按钮，则在打开的"修改计划"对话框中可设置系统自动整理磁盘碎片的"频率""日期""时间"和"磁盘"。

③ 如果在"修改计划"对话框中单击"选择磁盘"按钮，则在打开的"选择计划整理的磁盘"对话框中可选择一个或多个需要整理的目标盘符，还可以设置"自动对新磁盘进行碎片整理"。

【实验及操作指导】

（实验 2　Windows 7 的使用基础）☆

实验 2-1： Windows 7 的基本操作。（熟练掌握 Windows 7 的窗口操作方式，熟练掌握 Windows 7 "开始"菜单和任务栏的设置）

【实验内容】

1. 认识 Windows 7 桌面

① 观察桌面的布局，认识和了解各个图标的简单功能。

② 在桌面上新建一个文件夹，重命名为自己的"学号+姓名"，然后删除到回收站。

③ 在桌面空白处单击鼠标右键，在弹出的快捷菜单中选择"查看"命令，在其级联菜单（如图 2-2 所示）中依次选择一种图标显示方式（如大图标、中等图标和小图标），观察桌面图标的变化。

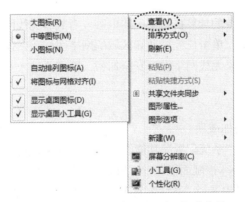

图 2-2　桌面快捷菜单及"查看"级联菜单

④ 任意拖动桌面上的一些图标改变其位置，然后重新"自动排列"桌面上的图标。

2. 任务栏的自动隐藏与其他设置

① 在任务栏空白处单击鼠标右键，在弹出的快捷菜单（如图 2-3 所示）中选择"属性"命令，在打开的"任务栏和「开始」菜单属性"对话框的"任务栏"标签中进行任务栏的其他设置，如

☆ 【实验素材】 C:\大学计算机信息技术-（实验素材）\EX2

图 2-4 所示。

图 2-3　任务栏快捷菜单　　图 2-4　"任务栏和「开始」菜单属性"对话框→"任务栏"标签

② 观察任务栏的组成，拖动任务栏的位置到屏幕右侧，再恢复到原位；调整任务栏的大小。（此操作要注意取消"锁定任务栏"）

3. "开始菜单"设置

① 右键单击"开始"菜单（或者在任务栏空白处单击鼠标右键），在弹出的快捷菜单中选择"属性"命令，在打开的"任务栏和「开始」菜单属性"对话框的"开始菜单"标签中进行开始菜单设置，如图 2-5 所示。

② 在"隐私"栏里，默认勾选"存储并显示最近在「开始」菜单中打开的程序"和"存储并显示最近在「开始」菜单和任务栏中打开的项目"，则可以从 Windows 7 开始菜单中看到最近使用过的程序和项目。如果不想显示，取消相关的勾选设置即可。

③ 单击"自定义"按钮，打开"自定义「开始」菜单"对话框（如图 2-6 所示），根据需要可以自定义开始菜单上的链接、图标以及菜单的外观和行为。

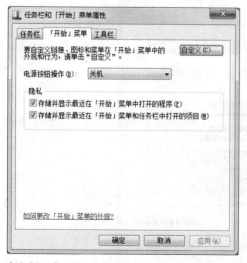

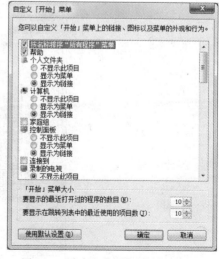

图 2-5　"任务栏和「开始」菜单属性"对话框→"「开始」菜单"标签　　图 2-6　"自定义「开始」菜单"对话框

实验 2-2： Windows 7 的资源管理器的使用。（熟悉"Windows 资源管理器"窗口操作，掌握"文件夹选项"对话框的使用，熟悉"库"的使用）

【实验内容】

1. 熟悉"Windows 资源管理器"窗口操作

① 打开"Windows 资源管理器"窗口。

➤ 右键单击"开始"菜单，在弹出的快捷菜单中选择"打开 Windows 资源管理器"菜单命令。

➤ 单击"开始"菜单→"所有程序"→"附件"→"Windows 资源管理器"。

➤ 在任务栏中单击"Windows 资源管理器"按钮。

② 熟悉"Windows 资源管理器"窗口的构成（主要有地址栏、搜索栏、菜单栏、工具栏、导航窗格、细节窗格和工作区等）。按<Alt>键，可以实现窗口中"显示/隐藏"菜单栏。若要永久显示菜单栏，则在工具栏中选定"组织"→"布局"→"菜单栏"命令即可。

③ 单击"查看"菜单，在打开的下拉菜单中选择"大图标""列表"或"详细信息"等选项，查看文件与文件夹的显示方式。

④ 在工具栏中选择"组织"→"布局"命令，在打开的下一级子菜单中选定或取消"细节窗格"和"导航窗格"，观察窗口中显示的变化。

⑤ 在窗口的右上角"搜索栏"内输入在当前磁盘或文件夹内要查找的文件或文件夹，按<Enter>键，开始搜索相关的文件与文件夹。

2. 掌握"文件夹选项"对话框的使用

单击"Windows 资源管理器"窗口的工具栏中的"组织"→"文件夹和搜索选项"选项；或者单击"工具"菜单→"文件夹选项"命令，均可打开"文件夹选项"对话框（如图 2-7 所示），切换到"查看"标签，在"高级设置"列表框中进行以下相关设置。

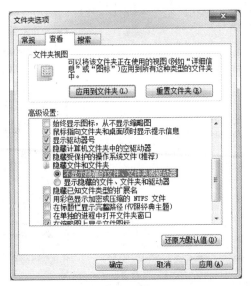

图 2-7 "文件夹选项"对话框→"查看"标签

① 显示隐藏的文件、文件夹和驱动器。

② 隐藏受保护的操作系统文件。

③ 隐藏已知文件类型的扩展名。

④ 在标题栏显示完整路径等。

3. 熟悉"库"的使用

① 打开"Windows 资源管理器"窗口，在左侧的"导航窗格"可以看到"库"图标。

② 在"库"根目录下右键单击窗口空白区域（或者右键单击"库"图标），在弹出的快捷菜单中选择"新建"→"库"命令。也可以单击"库"图标，在窗口左上方出现"新建库"按钮，单击即可，如图 2-8 所示。

图 2-8　增加库中类型（创建新库）

③ 像给文件夹命名一样为这个"库"命名，即可创建一个新的库。

④ 在"图片"库中添加文件或者文件夹。右键单击需要添加的目标文件夹，在弹出的快捷菜单中选择"包含到库中"命令，如果在其子菜单中选择一项类型（如"图片"类型），则可将文件夹加入到图片库中，如图 2-9 所示。也可以选中需要添加的目标文件夹，直接单击窗口左上方的"包含到库中"按钮，在其下拉子菜单中进行选择设置。

⑤ 如果删除或重命名库，则在该库上单击鼠标右键，在弹出的快捷菜单中选择"删除"或"重命名"命令即可。删除库不会删除原始文件，只是删除库链接而已。

实验 2-3：Windows 7 的操作与维护。（熟悉"启动任务管理器"的使用，使用系统工具维护系统）

图 2-9　添加文件到库

【实验内容】

1. 熟悉"启动任务管理器"的使用

① 按下<Ctrl+Alt+Delete>组合键，单击"启动任务管理器"，打开"Windows 任务管理器"对话框，如图 2-10 所示。

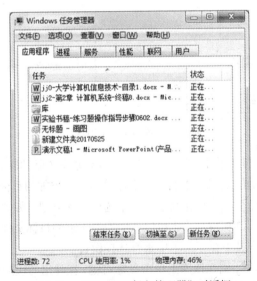

图 2-10　"Windows 任务管理器"对话框

② 在"应用程序"标签中列出正在运行的程序，选择一个程序任务名称。

③ 单击"结束任务"按钮，即可结束正在运行的该程序。

一般情况下，应用程序都有正常关闭或退出命令。但当运行的程序由于各种因素导致不能及时响应运行程序的命令，或系统处于"死机"状态时，只能通过结束任务的方法来强行终止正在运行的程序。若用"Windows 任务管理器"也不能终止应用程序，则只能重新启动计算机，但这样做通常会导致数据丢失。

2. 使用系统工具维护系统

（1）磁盘清理

使用"磁盘清理"删除临时文件，释放硬盘空间。

① 单击"开始"菜单→"所有程序"→"附件"→"系统工具"命令，选择"磁盘清理"命令，打开"磁盘清理：驱动器选择"对话框，如图 2-11 所示。

② 选择要进行清理的驱动器（系统默认选择为 C 盘）。

③ 单击"确定"按钮，会显示一个带进度条的计算 C 盘上释放空间数的对话框，如图 2-12 所示。

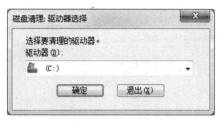

图 2-11　"磁盘清理：驱动器选择"对话框

图 2-12　"磁盘清理"进度对话框

④ 计算完毕则会弹出"（C：）的磁盘清理"对话框，如图 2-13 所示，其中显示系统清理出的建议删除的文件及其所占磁盘空间的大小。

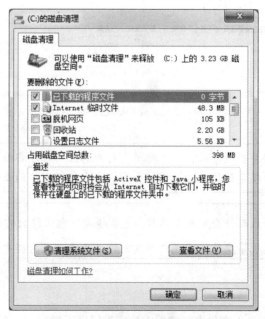

图 2-13　"（C:)的磁盘清理"对话框

⑤ 在"要删除的文件"列表框中选中要删除的文件，单击"确定"按钮，在之后弹出的"磁盘清理"确认删除对话框中单击"删除文件"按钮，弹出"磁盘清理"对话框，清理完毕后该对话框自动消失。

依次对 C、D、E 各磁盘进行清理，注意观察并记录清理磁盘时获得的空间总数。

（2）磁盘碎片整理

使用"磁盘碎片整理程序"整理文件存储位置，合并可用空间，提高系统性能。

① 单击"开始"菜单→"所有程序"→"附件"→"系统工具"命令，选择"磁盘碎片整理程序"命令，打开"磁盘碎片整理程序"对话框，如图 2-14 所示。

② 选择磁盘驱动器后单击"分析磁盘"按钮，进行磁盘分析。

③ 分析完后，可以根据分析结果选择是否进行磁盘碎片整理。如果在"上一次运行时间"列中显示检查磁盘碎片的百分比超过了 10%，则应该进行磁盘碎片整理，只需单击"磁盘碎片整理"按钮即可。

图 2-14　"磁盘碎片整理程序"对话框

　进行磁盘碎片整理之前，应先把所有打开的应用程序都关闭，因为一些程序在运行的过程中可能要反复读取磁盘数据，会影响磁盘整理程序的正常工作。

实验 2-4：文件或文件夹的基本操作。（掌握文件或文件夹的创建、移动/复制、删除、更名、查找及设置属性等操作，掌握文件或文件夹快捷方式的创建和使用）

【具体要求】

打开实验素材\EX2\EX2-1 文件夹，按要求顺序进行以下操作。

① 在 EX2\EX2-1 文件夹下新建一个名为 BOOK.DOCX 的空新文件，并设置属性为"只读"属性。

② 在 BEN 文件夹中，新建一个 CONG 文件夹。

③ 为 GRAET\ABC 文件夹建立名为 KABC 的快捷方式，并存放在 EX2-1 文件夹下。

④ 将 LAY\ZHE\XIAO.DOC 文件复制到同一文件夹下，并命名为 JIN.DOC。

⑤ 搜索 EX2\EX2-1 中的 WAYA.C 文件，然后将其删除。

【实验步骤】

打开实验素材\EX2\ EX2-1 文件夹。

① 在"资源管理器"窗口的右窗格工作区中的空白处单击鼠标右键，从弹出的快捷菜单中选择"新建"→"Microsoft Word 文档"选项，如图 2-15 所示。此时窗口区域中将自动新建一个名为"新建 Microsoft Word 文档"的文件，将其更名为"BOOK.DOCX"后单击<Enter>键即可。右键单击该文件，在弹出的快捷菜单中选择"属性"命令，打开"BOOK.DOCX 属性"对话框。选中"属性"区域的"只读"复选框，单击"确定"按钮，如图 2-16 所示。

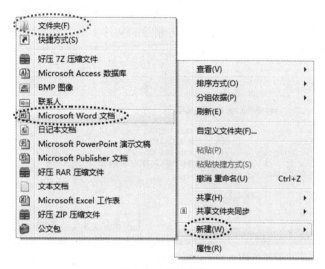

图 2-15　新建文件

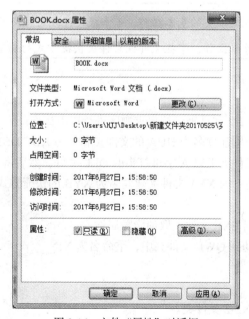

图 2-16　文件"属性"对话框

② 双击 BEN 文件夹，在右窗格工作区中的空白处右键单击，执行"新建"→"文件夹"命令，输入文件名"CONG"，按<Enter>键。

③ 在导航窗格中单击 EX2-1 文件夹下的 GRAET 文件夹，在右窗格工作区中右键单击 ABC 文件夹，选择"创建快捷方式"命令，单击图标下的文件名，重新输入文件名"KABC"，按<Enter>键。右键单击"KABC"快捷方式，选择"剪切"命令，在导航窗格中单击 EX2-1 文件夹，在右窗格工作区中的空白处右键单击，选择"粘贴"命令。

④ 在导航窗格中单击 LAY 文件夹下的 ZHE 文件夹，在右窗格工作区中右键单击"XIAO.DOC"文件，选择"复制"命令，在右窗格工作区的空白处右键单击选择"粘贴"命令。右键单击复制后的文件，选择"重命名"命令，键入"JIN.DOC"，按<Enter>键。

⑤ 在导航窗格中单击 EX2-1 文件夹，在搜索框中输入"WAYA.C"，在右窗格工作区显示的搜索结果中选择文件，按<Delete>键，此时会出现"删除文件"提示信息框，询问"确实要把此文件放入回收站吗？"，单击"是"按钮，则将删除的文件（夹）放入回收站中（如果单击"否"按钮，则取消此次删除操作），如图 2-17 所示。

图 2-17 "删除文件" 提示信息框

> **实验 2-5**：文件或文件夹的基本操作。（掌握文件或文件夹的创建、移动/复制、删除、更名、查找及设置属性等操作，掌握文件或文件夹快捷方式的创建和使用）

【具体要求】

打开实验素材\EX2\EX2-2 文件夹，按要求顺序进行以下操作。

① 在 XIN 文件夹中分别建立名为 HUA 的文件夹和名为 ABC.DBF 的文件。

② 搜索 EX2\EX2-2 文件夹下以 A 字母打头的 DLL 文件，然后将其复制到 HUA 文件夹下。

③ 为 HLPSYS 文件夹下的 XYA 文件夹建立名为 XYB 的快捷方式，存放在 EX2\EX2-2 文件夹下。

④ 将 PAX 文件夹中的 EXE 文件夹取消隐藏属性。

⑤ 将 ZAY 文件夹移动到 QWE 文件夹中，重命名为 XIN。

【实验步骤】

打开实验素材\EX2\ EX2-2 文件夹。

① 在导航窗格中单击 XIN 文件夹，在右窗格工作区的空白处右键单击，执行"新建"→"文

件夹"命令，键入文件名"HUA"，按<Enter>键。在右窗格工作区的空白处右键单击，执行"新建"→"文本文档"命令，键入文件名"ABC.DBF"，按<Enter>键，弹出"重命名"对话框，单击"是"按钮。

② 在导航窗格中单击 EX2-2 文件夹，在搜索框中输入"A*.DLL"，在右窗格工作区显示的搜索结果中选择文件右键单击，选择"复制"命令。在导航窗格中单击 XIN 文件夹下的 HUA 文件夹，在右窗格工作区的空白处右键单击，选择"粘贴"命令。

③ 在导航窗格中单击 HLPSYS 文件夹，在右窗格工作区中右键单击 XYA 文件夹，选择"创建快捷方式"命令，单击图标下的文件名，重新输入文件名"XYB"，按<Enter>键。右键单击"XYB"快捷方式，选择"剪切"命令，在导航窗格中单击 EX2-2 文件夹，在右窗格工作区中的空白处右键单击，选择"粘贴"命令。

④ 在导航窗格中单击 PAX 文件夹，在右窗格工作区中，右键单击文件名为 EXE 的淡色文件夹图标（若看不到该文件夹，单击文件夹窗口工具栏"组织"按钮，从弹出的下拉列表中选择"文件夹和搜索选项"选项，弹出"文件夹选项"对话框，切换到"查看"选项卡，然后在"高级设置"列表框中选中"显示隐藏的文件、文件夹和驱动器"单选按钮，单击"确定"按钮），选择"属性"命令，打开"EXE 属性"对话框。在"属性"区域取消"隐藏"复选框的选择，单击"确定"按钮。

⑤ 在导航窗格中单击 EX2-2 文件夹，在右窗格工作区中用鼠标拖动 ZAY 文件夹，拖到 QWE 文件夹图标上。在导航窗格中单击 QWE 文件夹，在右窗格工作区中单击 ZAY 文件夹，单击文件夹图标下的文件名，输入"XIN"，按<Enter>键。

实验 2-6：文件或文件夹的基本操作。（掌握文件或文件夹的创建、移动/复制、删除、更名、查找及设置属性等操作，掌握文件或文件夹快捷方式的创建和使用）

【具体要求】

打开实验素材\EX2\EX2-3 文件夹，按要求顺序进行以下操作。

① 在 SHEART 文件夹中，新建一个名为 RESTICK 的文件夹。

② 在 GAH 文件夹中，新建一个名为 BAO.TXT 的文件。

③ 将 COOK\FEW\ARAD.WPS 文件复制到 ZUME 文件夹中。

④ 将 COOK\FEW 文件夹中的 ARAD.WPS 的属性设置为隐藏。

⑤ 搜索 EX2\EX2-3 文件夹下第三个字母是 B 的所有文本文件，将其移动到 SHEART\TXT 文件夹中。

⑥ 为 GAH 文件夹建立命名为 GT 的快捷方式，存放到 EX2\EX2-3\COOK 文件夹中。

【实验步骤】

打开实验素材\EX2\ EX2-3 文件夹。

① 在导航窗格中单击 SHEART 文件夹，在右窗格工作区的空白处右键单击，执行"新建"→"文件夹"命令，键入文件名"RESTICK"，按<Enter>键。

② 在导航窗格中单击 GAH 文件夹，在右窗格工作区的空白处右键单击，执行"新建"→"文本文档"命令，键入文件名"BAO.TXT"，按<Enter>键。

③ 在导航窗格中单击 COOK 文件夹下的 FEW 文件夹,在右窗格工作区中右键单击 ARAD.WPS 文件,选择"复制",在导航窗格中单击 ZUME 文件夹,在右窗格工作区中的空白处右键单击,选择"粘贴"命令。

④ 在导航窗格中单击 COOK 文件夹下的 FEW 文件夹,在右窗格中右键单击 ARAD.WPS 文件,选择"属性"命令,打开"ARAD.WPS 属性"对话框。在"属性"区域选中"隐藏"复选框,单击"确定"按钮。

⑤ 在导航窗格中单击 EX2-3 文件夹,在搜索栏中输入第三个字母是 B 的所有文本文件 "??B*.TXT",在右窗格工作区显示的搜索结果中(如图 2-18 所示),选中文件右键单击,选择"剪切"。在导航窗格中单击 SHEART 文件夹下的 TXT 文件夹,在右窗格工作区的空白处右键单击,选择"粘贴"命令。

⑥ 在导航窗格中单击 EX2-3 文件夹,在右窗格工作区中右键单击 GAH 文件夹,选择"创建快捷方式"命令,单击图标下的文件名,重新输入文件名"GT",按<Enter>键。右键单击"GT"快捷方式,选择"剪切"命令,在导航窗格中单击 COOK 文件夹,在右窗格工作区的空白处右键单击,选择"粘贴"命令。

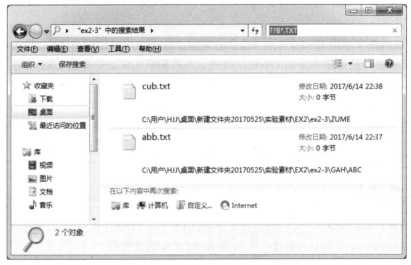

图 2-18 搜索第三个字母是 B 的所有文本文件

第3章
文字处理 Word 2010

【大纲要求重点】

- Word 2010 的基本概念、基本功能、运行环境、启动和退出。
- 文档的创建、打开、输入、保存等基本操作。
- 文本的选定、插入与删除、移动与复制、查找与替换等基本编辑，多窗口和多文档的编辑。
- 字体格式设置、段落格式设置、文档页面设置、文档背景设置和文档分栏等基本排版技术。
- 表格的创建、修改，表格的修饰，表格中数据的输入与编辑，数据的排序和计算。
- 图形和图片的插入，图形的建立和编辑，文本框、艺术字的使用和编辑。
- 文档的保护和打印。

【知识要点】

3.1 Word 2010 基础

1. Word 2010 的启动

Word 2010 常用的启动方法有以下几种。

➢ 选择"开始"菜单→"所有程序"→"Microsoft Office"→"Microsoft Office Word 2010"命令。
➢ 如果在桌面上已经创建了启动 Word 2010 的快捷方式，则双击快捷方式图标。
➢ 双击"Windows 资源管理器"窗口中的 Word 文档文件（其扩展名为.docx），Word 2010 将会启动并且打开相应的文件。

2. Word 2010 的退出

Word 2010 常用的退出方法有以下几种。

➢ 单击标题栏上的"关闭"按钮。
➢ 执行"文件"→"退出"命令。
➢ 双击标题栏左侧的控制菜单按钮。

➢ 在标题栏上单击鼠标右键，在弹出的快捷菜单中单击"关闭"命令。

➢ 按<Alt+F4>快捷键（或组合键）。

3. 窗口的组成

Word 2010 应用程序窗口主要由标题栏、快速访问工具栏、选项卡、功能区、文档编辑区、状态栏、视图切换按钮和显示比例滑块等部分组成，如图 3-1 所示。

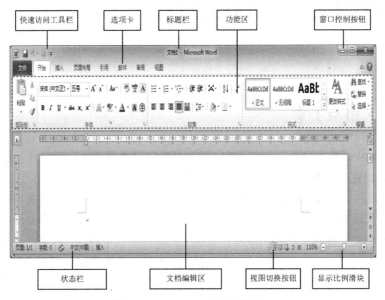

图 3-1　Word 2010 应用程序窗口

选项卡：位于标题栏下方，Word 2010 用选项卡取代以前版本的菜单栏。通常包括"文件""开始""插入""页面布局""引用""邮件""审阅""视图"及"加载项"等不同类型的选项卡。单击不同的选项卡，切换到相应的功能区面板，显示其选项卡标签下的命令按钮组。

功能区：位于选项卡的下面，用于显示与选项卡对应的多个命令组，命令组中包含具体的命令按钮，每个按钮执行一项具体功能。

视图切换按钮：位于状态栏右侧，用于显示 Word 2010 的 5 种视图模式，包括"页面视图""阅读版式视图""Web 版式视图""大纲视图"和"草稿"等，可以根据需要切换不同的视图模式，查看或编辑文档。

3.2　文档的创建、打开和保存

1. 新建文档

Word 2010 新建文档通常有以下几种方法。

➢ 当启动 Word 2010 应用程序之后，系统会自动创建一个新的默认文件名为"文档 1"的空白文档。

➢ 单击"文件"选项卡→"新建"命令→"可用模板"→"空白文档"→"创建"按钮，即可创建一个空白文档。

➢ 单击"自定义快速访问工具栏"按钮，在弹出的下拉菜单中选择"新建"项，之后可以通过单击快速访问工具栏中新添加的"新建"按钮创建空白文档。

➢ 按<Ctrl+N>快捷键，可直接创建一个空白文档。

2. 打开文档

Word 2010 打开文档通常有以下几种方法。

➢ 在"Windows 资源管理器"窗口中，双击要打开的文件。

➢ 执行"文件"→"打开"命令，在弹出的"打开"对话框中选择要打开的文件，双击该文件或者单击"打开"按钮即可。

➢ 单击"自定义快速访问工具栏"按钮，在弹出的下拉菜单中选择"打开"项，之后可以通过单击快速访问工具栏中新添加的"打开"按钮即可。

➢ 在"文件"选项卡的后台视图中，单击"最近所用文件"命令，右窗格即刻显示最近使用过的文档名称，从中选择需要打开的文档即可。

3. 保存文档

Word 2010 保存文档通常有以下几种方法。

➢ 单击"快速访问工具栏"→"保存"按钮。

➢ 选择"文件"选项卡→"保存"项。

➢ 按 F12 键。

➢ 按<Ctrl+S>快捷键。

如果保存新建文档或另存为已有文档，会出现"另存为"对话框。

3.3 文档的录入与编辑

1. 输入文本

新建一个空白文档后，可以直接在文本编辑区进行输入操作，输入的内容显示在光标插入点处。插入点是指在文档编辑区中一个闪烁着黑色的竖条"I"，它表明输入字符将出现的位置。输入文本时，插入点自动后移。

Word 有自动换行的功能，当输入到每行的末尾时不必按<Enter>键，Word 就会自动换行，需要新设一个新的段落时才按<Enter>键。按<Enter>键标志着一个段落的结束和一个新段落的开始。

2. 选定文本

（1）利用鼠标选定文本

➢ 选定一个词：双击该词的任意位置。

➢ 选定一个句子：按住<Ctrl>键的同时单击句子中的任意位置。

➢ 选定一行：将鼠标指针移到该行最左边，当指针变为时单击。

➢ 选定多行：将鼠标指针移到首行最左边，当指针变为时，按住鼠标左键拖动。

➢ 选定一个段落：将鼠标指针移到段落的最左边，当指针变为时，双击鼠标左键；也可在段落中直接三击鼠标左键。

➢ 选定整个文档：将鼠标指针移到文档最左边的任一位置，当指针变为 ⫚ 时，连击鼠标左键 3 次。

➢ 选定文档中的矩形区域：按住<Alt>键，按住鼠标左键拖动。

➢ 选定文档中的任意连续区域：单击起始位置，按住<Shift>键并移动鼠标至终止位置单击。

➢ 选定文档中的任意不连续区域：按住<Ctrl>键，并继续拖动其余区域。

（2）利用功能区命令按钮选定文本

单击"开始"选项卡→"编辑"命令组→"选择"命令，在弹出的下拉列表框中选择相应操作。

3. 插入与删除文本

（1）插入文本

"插入"方式下，只要将插入点移到需要插入文本的位置，输入新文本就可以了。插入时，插入点右边的字符或文字随着新的字符或文字的输入逐一向右移动。若在"改写"方式下，则插入点右边的字符或文字将被新输入的字符或文字所替代。用键盘上的<Insert>键可以对"插入/改写"方式进行切换，系统默认的输入方式是"插入"方式。

（2）删除文本

如果是删除单个的字符或汉字，则可以将光标插入点置于字符或文字的右边，按<BackSpace>键，或者将插入点置于字符或文字的左边，按<Delete>键。如果要删除几行或一大块文本，则需要先选定要删除的该块文本，然后按<Delete>键，或执行"开始"选项卡→"剪贴板"命令组→"剪切"命令按钮。

如果插入或删除之后想恢复所删除的文本，那么只要单击"快速访问工具栏"的"撤销"按钮即可。

4. 移动或复制文本

关于文本的移动或复制操作，通常有以下几种操作方法。

➢ 选定需要移动或复制的文本，按住鼠标左键拖动，将其拖动到目标位置上后释放鼠标，即可将文本移动到目标位置。按住<Ctrl>键的同时单击鼠标左键并拖动鼠标，将其拖到目标位置后松开鼠标及<Ctrl>键即可复制所选文本。

➢ 选定需要移动或复制的文本，按下<Ctrl+X>组合键剪切，进入目标位置，按下<Ctrl+V>组合键可实现移动文本。按下<Ctrl+C>组合键复制，进入目标位置，按下<Ctrl+V>组合键可实现复制文本。

➢ 选定需要移动或复制的文本，单击鼠标右键，在弹出的快捷菜单中选择"剪切"命令（或"复制"命令），将插入点移到目标位置，在快捷菜单中选择"粘贴"命令，即可将所选定的文本移动（或复制）到目标位置。

➢ 选定需要移动或复制的文本，选择"开始"选项卡→"剪贴板"命令组→"剪切"命令按钮（或"复制"命令按钮），将插入点移到目标位置，单击"剪贴板"命令组→"粘贴"命令按钮，即可将所选定的文本移动（或复制）到目标位置。

5. 查找与替换文本

（1）用"查找和替换"对话框查找文本

操作步骤如下。

① 单击"开始"选项卡→"编辑"命令组→"替换"命令按钮，在打开的"查找和替换"对话框中选择"查找"标签；或者单击"开始"选项卡→"编辑"命令组→"查找"右侧下拉按钮，在弹出的下拉列表框中选择"高级查找"命令，打开"查找和替换"对话框的"查找"标签。

② 可直接在"查找内容"编辑框中输入文字或通配符来进行查找。

③ 单击"更多"按钮，会显示出更多搜索选项。此时，"不限定格式"按钮呈暗灰色禁用状态，而"格式"和"特殊格式"按钮可用。

④ 设定搜索内容和搜索规则后，单击"查找下一处"按钮。Word 将按搜索规则查找指定的文本，并用蓝色底纹显示找到的一个符合查找条件的内容。

⑤ 如果此时单击"取消"按钮，关闭"查找和替换"对话框，插入点停留在当前查找到的文本处。如果还需继续查找，可重复单击"查找下一处"按钮，直到整个文档查找完毕为止。

（2）用"查找和替换"对话框替换文本

操作步骤如下。

① 单击"开始"选项卡→"编辑"命令组→"替换"命令按钮，打开"查找和替换"对话框的"替换"标签。

② 在"查找内容"中输入要查找的文本内容，在"替换为"中输入要替换的文本内容。

③ 单击"更多"按钮，会显示出更多搜索选项。在"搜索选项"下指定搜索范围。

④ 单击"替换"或"全部替换"按钮后，Word 按照搜索规则开始查找和替换。如果单击"全部替换"按钮，则 Word 自行查找并替换符合查找条件的所有内容，直到完成全部替换操作。如果单击"替换"按钮，则 Word 用蓝色底纹逐个显示符合查找条件的内容，并在替换时让用户确认。用户可以有选择地进行替换，对于不需要替换的文本，可以单击"查找下一处"按钮，跳过此处。

⑤ 替换完毕后，Word 会出现一个对话框，表明已经完成文档的替换，单击"确定"按钮，关闭对话框。

6. 撤销和重复

撤销是取消上一步在文档中所做的修改。操作可采用以下 3 种方法之一。

➤ 单击"快速访问工具栏"→"撤销"按钮，可撤销上一步操作，继续单击该按钮，可撤销多步操作。

➤ 单击"撤销"按钮右侧下拉按钮，在打开的列表框中可选择撤销到某一指定的操作。

➤ 按下<Ctrl+Z>（或<Alt+Backspace>）快捷键，可撤销上一步操作，继续按下快捷键，可撤销多步操作。

恢复操作和撤销操作是相对应的，恢复操作是把撤销操作再重复回来。操作可采用以下两种方法之一。

➤ 单击"快速访问工具栏"→"恢复"按钮，可恢复被撤销的上一步操作，继续单击该按钮，可恢复被撤销的多步操作。

➤ 按下<Ctrl+Y>快捷键，可恢复被撤销的上一步操作，继续按下该快捷键，可恢复被撤销的多步操作。

3.4　文档排版技术

1．字符格式设置

默认情况下，在 Word 中输入的字符格式为"宋体""五号""黑色"，可以根据实际需要进行重新设置。

（1）使用功能区命令按钮快速设置

具体操作步骤如下。

① 选中要设置字符格式的文本内容。

② 单击"开始"选项卡→"字体"命令组，可直接使用功能区命令组中的相关命令按钮快速设置字体、字形和字号，以及颜色、下划线与文字效果等。也可以单击"字体""字号"或"下划线"右侧的下拉按钮，在弹出的下拉列表框中进行选择设置。

（2）使用"字体"对话框可进行更具体的设置

具体操作步骤如下。

① 选中要设置字符格式的文本内容。

② 单击"开始"选项卡→"字体"命令组右下角的"对话框启动器"按钮，打开"字体"对话框，分别在"字体"标签和"高级"标签中进行字符格式设置。

③ 单击"确定"按钮即可。

单击"字体"对话框下方的"文字效果"按钮，打开"设置文本效果格式"对话框，可以通过"文本填充""文本边框""轮廓样式""阴影""映像""发光和柔化边缘""三维格式"等选项为所选择字符的特殊效果格式进行设置。

（3）使用"浮动工具栏"

选中字符并将鼠标指向其后，在选中字符的右上角会出现"浮动工具栏"，利用它进行设置的方法与通过功能区的命令按钮进行设置的方法相同。

2．段落格式设置

默认情况下，在 Word 中的段落对齐方式为"两端对齐"，段落行间距为"单倍行距"，可以根据实际需要进行重新设置。

（1）使用功能区命令按钮快速设置

具体操作步骤如下。

① 选中要设置段落格式的文本段落。

② 单击"开始"选项卡→"段落"命令组，可直接使用功能区命令组中的相关命令按钮快速对段落缩进、段落对齐方式、行和段落间距，以及边框与底纹和项目符号和编号等进行段落格式设置。还可以单击"行和段落间距""边框"或"底纹"以及"项目符号"或"编号"右侧下拉按钮，在弹出的下拉列表框中进行进一步选择设置。

（2）使用"段落"对话框设置

具体操作步骤如下。

① 选中要设置段落格式的文本段落。

② 单击"开始"选项卡→"段落"命令组右下角的"对话框启动器"按钮，打开"段落"对话框，在"缩进和间距"标签中进行段落格式设置。

③ 单击"确定"按钮即可。

3. 边框与底纹

使用"边框和底纹"对话框设置，具体操作步骤如下。

① 选中要设置边框与底纹的对象。

② 单击"页面布局"选项卡→"页面背景"命令组→"页面边框"命令按钮；或者单击"开始"选项卡→"段落"命令组→"下框线"右侧下拉按钮，在弹出的下拉列表框中选择"边框和底纹"选项，打开"边框和底纹"对话框，分别在"边框"标签、"底纹"标签和"页面边框"标签中进行边框、页面边框和底纹的设置。

③ 最后单击"确定"按钮即可。

4. 项目符号和编号

（1）使用功能区命令按钮设置

添加编号的操作步骤如下。

① 选中要添加项目编号的段落。

② 单击功能区的"开始"选项卡→"段落"命令组→"编号"命令按钮，即可给已经存在的段落按默认的格式加编号。或者单击该按钮右侧下拉按钮，在弹出的下拉列表框中选择其他的项目编号样式。

添加项目符号的操作步骤如下。

① 选中要添加项目符号的段落。

② 单击功能区的"开始"选项卡→"段落"命令组→"项目符号"命令按钮，即可给已经存在的段落按默认的格式加项目符号。或者单击该按钮右侧的下拉按钮，在弹出的下拉列表框中选择其他的符号样式。

（2）使用对话框设置

具体操作步骤如下。

如果需要定义更多新的项目符号或编号，则选择下拉菜单中的"定义新编号格式"或"定义新项目符号"，从对话框中设置选项，最后单击"确定"按钮即可。

5. 分栏设置

（1）使用功能区命令按钮进行快速分栏设置

操作步骤如下。

① 选中需要分栏排版的文字。

② 单击"页面布局"选项卡→"页面设置"命令组→"分栏"命令按钮，在弹出的下拉列表框中选择某个选项即可将所选内容进行相应的分栏设置。

（2）使用"分栏"对话框对文档进行更多其他形式的分栏设置

操作步骤如下。

① 选中需要分栏排版的文字。

② 单击"页面布局"选项卡→"页面设置"命令组→"分栏"命令按钮，在弹出的下拉列表

框中选择"更多分栏"选项，在打开的"分栏"对话框中进行设置。

③ 单击"确定"按钮即可。

6. 首字下沉

（1）使用功能区命令按钮进行快速首字下沉设置

操作步骤如下。

① 将插入点放在需要设置首字下沉的段落中，或选中段落开头的多个字母。

② 单击"插入"选项卡→"文本"命令组→"首字下沉"命令按钮，在下拉列表框中选择所需要的选项。

（2）使用"首字下沉"对话框进行更具体的设置

操作步骤如下。

① 将插入点放在需要设置首字下沉的段落中，或选中段落开头的多个字母。

② 单击"插入"选项卡→"文本"命令组→"首字下沉"命令按钮，在下拉列表框中选择"首字下沉选项"选项，在打开的"首字下沉"对话框中进行设置。

③ 单击"确定"按钮即可。

7. 应用样式

如果要对文档中的文本应用样式，则先选中这段文本，然后单击"开始"选项卡→"样式"命令组中提供的样式即可。

如果需要更多的样式选项，则可以选择功能区的"开始"选项卡→"样式"命令组右侧向下箭头"其他"按钮，在出现的下拉列表框中显示出了可供选择的所有样式。

如果要删除某文本中已经应用的样式，可先将其选中，单击"开始"选项卡→"样式"命令组右侧向下箭头"其他"按钮，在弹出的下拉列表框中选择"清除格式"选项即可。

3.5 表 格 处 理

1. 表格的创建

（1）使用功能区命令快速插入表格

具体操作步骤如下。

① 将光标定位到在文档中需要插入表格的位置。

② 单击"插入"选项卡→"表格"命令组→"表格"命令按钮，在弹出的下拉列表框中显示一个示意网格。

③ 在示意网格中拖动鼠标，顶部显示当前表格的行数和列数（如"4×5 表格"），与此同时，文档中也同步出现相应行列的表格，直到显示满意的行列（如"7×6 表格"）为止，单击即可快速插入相应的表格。

（2）使用"插入表格"对话框创建表格

具体操作步骤如下。

① 将光标定位到要插入表格的位置。

② 单击"插入"选项卡→"表格"命令组→"表格"命令按钮，在弹出的"插入表格"下拉列表框中选择"插入表格"项，打开"插入表格"对话框进行创建表格的具体设置即可。

③ 单击"确定"按钮即可。

（3）通过绘制表格功能自定义插入需要的表格

具体操作步骤如下。

① 将光标定位到要插入表格的位置。

② 单击"插入"选项卡→"表格"命令组→"表格"命令按钮，在弹出的"插入表格"下拉列表框中选择"绘制表格"项，鼠标指针呈现铅笔形状，在文档中拖动鼠标左键手动绘制表格。

（4）使用"快速制表"级联菜单实现创建表格

具体操作步骤如下。

① 将光标定位到要插入表格的位置。

② 单击"插入"选项卡→"表格"命令组→"表格"命令按钮，在弹出的"插入表格"下拉列表框中选择"快速表格"项，在其打开的级联菜单显示系统的内置表格样式，从中选择所需要的表格样式即可快速地创建一个表格。

2. 选定表格

选定表格，通常有以下几种方法。

➤ 选定一个单元格：单击该单元格左边界。

➤ 选定一行（或多行）：将鼠标指针移到该行最左边，当指针变为 ⇗ 时单击（向下或向上拖动鼠标）。

➤ 选定一列（或多列）：将鼠标指针移到该列最上边，当指针变为 ⬇ 时单击（向左或向右拖动鼠标）。

➤ 选定连续单元格：拖动鼠标选取，或按住<Shift>键用方向键选取。

➤ 选定不连续的单元格：按住<Ctrl>键，依次选中多个不连续的区域。

➤ 选定整个表格：选择所有行或所有列；或将插入点置于表格内任意位置，单击表格左上角的移动控制点。

3. 调整表格行高或列宽

调整表格行高或列宽操作，通常有以下几种操作方法。

（1）使用鼠标拖动调整行高或列宽

具体操作如下。

将鼠标指向此行的下边框线，鼠标指针会变成垂直分离的双向箭头，直接拖动即可调整本行的高度。将鼠标指向此列的右边框线，鼠标指针会变成水平分离的双向箭头，直接拖动即可调整本列的宽度。要调整某个单元格的高度或宽度，则要先选中该单元格，再执行上述操作，此时的改变仅限于选中的单元格。

（2）使用功能区命令调整行高或列宽

具体操作步骤如下。

① 选定要调整行高和列宽的行、列或表格。

② 单击"表格工具-布局"选项卡→"单元格大小"命令组。在"单元格大小"命令组功能区中的"行高"或"列宽"微调框中输入数值，即可更改单元格大小。

也可以单击"表格工具-布局"选项卡→"单元格大小"命令组→"自动调整"命令按钮右侧下拉按钮，在弹出的下拉列表框中执行"根据内容自动调整表格"命令，即可实现自动调整表格行高或列宽的目的。

（3）使用"表格属性"对话框调整行高

具体操作步骤如下。

① 选定要调整行高的行、列或表格。

② 单击"表格工具-布局"选项卡→"表"命令组→"属性"命令按钮，打开"表格属性"对话框，在"行"标签中进行行高尺寸的设置，在"列"标签中进行列宽尺寸的设置。

③ 最后单击"确定"按钮即可。

4. 插入或删除行或列

（1）插入行或列

具体操作步骤如下。

① 光标定位在要插入行和列的位置。

② 选择"表格工具-布局"选项卡→"行和列"命令组。在"行和列"命令组功能区中根据需要进行选择。

（2）删除行、列或表格

具体操作步骤如下。

① 将光标置于要删除行、列所在的单元格中。

② 单击"表格工具-布局"选项卡→"行和列"命令组→"删除"命令按钮，会弹出"删除"命令按钮下拉列表框，根据需要进行选择。

如果选择"删除单元格"选项，会弹出"删除单元格"对话框，进行选择后单击"确定"按钮即可。

5. 合并和拆分单元格

（1）合并单元格

具体操作步骤如下。

① 选定要合并的单元格区域。

② 选择"表格工具-布局"选项卡→"合并"命令组→"合并单元格"命令按钮，即可将所选的单元格区域合并为一个单元格。

（2）拆分单元格

具体的操作步骤如下。

① 选定要拆分的单元格。

② 选择"表格工具-布局"选项卡→"合并"命令组→"拆分单元格"命令按钮，在打开的"拆分单元格"对话框中进行行数、列数的输入设置。

③ 单击"确定"按钮即可。

6. 套用表格样式

如果要对表格应用样式，则在表格的任意单元格内单击鼠标，然后直接单击"表格工具-设计"选项卡→"表格样式"命令组中提供的样式即可。

如果需要更多的表格样式选项，可以选择功能区的"表格工具-设计"选项卡→"表格样式"

命令组右侧向下箭头"其他"按钮，在出现的下拉列表框中显示出了内置的可供选择的所有表格样式。

7. 设置表格对齐方式

设置表格对齐方式的操作步骤如下。

① 选定需要设置的单元格、行、列或表格。

② 选择"表格工具-布局"选项卡→"对齐方式"命令组，在"对齐方式"命令组功能区中选择所需选项即可。

8. 设置表格边框与底纹

设置表格边框与底纹的操作步骤如下。

① 选定需要设置的单元格、行、列或表格。

② 单击"表格工具-设计"选项卡→"表格样式"命令组→"边框"命令按钮右侧下拉按钮，在弹出的下拉列表框中选择"边框和底纹"命令，打开"边框和底纹"对话框，在对话框的"边框"标签下进行边框设置，在"底纹"标签下进行底纹设置。

③ 最后单击"确定"按钮即可。

9. 设置表格标题行的重复

表格标题行重复设置的操作步骤如下。

① 将光标插入点放入表格任何位置。

② 单击"表格工具-布局"选项卡→"数据"命令组→"标题行重复"命令按钮，即可设置所选表格标题行的重复。

10. 文本与表格之间的转换

文本转换成表格的操作步骤如下。

① 选中 Word 中需要转换成表格的文本。

② 单击"插入"选项卡→"表格"命令组→"表格"命令按钮，在弹出的"表格"下拉列表框中选择"文本转换成表格"选项，在打开的"文本转换成表格"对话框中进行设置。

③ 单击"确定"按钮即可。

表格转换为文本的操作步骤如下。

① 选中需要转换为文本的单元格。如果需要将整张表格转换为文本，则只需单击表格任意单元格。

② 单击"表格工具-布局"选项卡→"数据"命令组→"转换为文本"命令按钮，在打开的"表格转换为文本"对话框中进行设置。

③ 单击"确定"按钮即可。

11. 表格的计算

表格计算的操作步骤如下。

① 单击准备存放计算结果的表格单元格。

② 单击"表格工具-布局"功能区→"数据"命令组→"公式"命令按钮，在打开的"公式"

对话框中的"公式"编辑输入框中，或者编辑公式，或者插入函数。

③ 单击"确定"按钮，即可在当前单元格得到计算结果。

12. 表格的排序

表格排序的操作步骤如下。

① 在需要进行数据排序的表格中单击任意单元格。

② 单击"表格工具-布局"选项卡→"数据"命令组→"排序"命令按钮，在打开的"排序"对话框中进行设置。

③ 单击"确定"按钮即可。

3.6　图　文　混　排

1. 插入图片

在文档中插入图片的操作步骤如下。

① 将光标定位到文档中要插入图片的位置。

② 单击"插入"选项卡→"插图"命令组→"图片"命令按钮，在打开的"插入图片"对话框中选择所需图片。

③ 单击"插入"按钮或者双击图片文件名，即可将图片插入到文档中。

2. 插入剪贴画

插入"剪贴画"的操作步骤如下。

① 将插入点移到要插入剪贴画的位置。

② 单击"插入"选项卡→"插图"命令组→"剪贴画"命令按钮，打开"剪贴画"任务窗格。

③ 在任务窗格的"搜索"编辑框中，键入用于描述所需剪贴画的关键字。单击"结果类型"右侧下拉箭头按钮，在列表中选择或取消"插图""照片""视频"和"音频"的复选框，搜索所需媒体类型。

④ 单击"搜索"按钮。如果被选中的收藏集中含有指定关键字的剪贴画，则会显示剪贴画搜索结果。

⑤ 在结果列表中单击剪贴画，即可将剪贴画插入到文档中。

3. 插入艺术字

在文档中插入艺术字的具体操作步骤如下。

① 将光标定位到文档中要显示艺术字的位置。

② 单击"插入"选项卡→"文本"命令组→"艺术字"命令按钮，在弹出的艺术字样式框中选择一种样式。

③ 在文本编辑区的"请在此放置您的文字"框中键入文字即可。

4. 插入形状

插入形状的操作步骤如下。

① 单击"插入"选项卡→"插图"命令组→"形状"命令按钮，在弹出的形状选择下拉列表框中选择所需的形状图形。

② 移动鼠标到文档中要显示自选图形的位置，按下鼠标左键并拖动至合适的大小后松开即可绘出所选图形。

5. 插入文本框

插入文本框的具体操作步骤如下。

① 单击"插入"选项卡→"文本"命令组→"文本框"命令按钮，弹出下拉列表框。

② 如果要使用已有的文本框样式，直接在"内置"栏中选择所需的文本框样式即可。如果要手工绘制文本框，则选择"绘制文本框"项；如果要使用竖排文本框，则选择"绘制竖排文本框"项。进行选择后，鼠标指针在文档中变成"+"字形状，将鼠标移动到要插入文本框的位置，按下鼠标左键并拖动至合适大小后松开即可。

③ 在插入的文本框中输入文字。

3.7　页面设置与打印

1. 页面设置

（1）使用功能区命令按钮快速设置

具体操作如下。

单击"页面布局"选项卡→"页面设置"命令组，可以单击"页边距""纸张大小"或"纸张方向"的下拉按钮，在弹出的下拉列表框中进行选择设置。

（2）使用"页面设置"对话框设置页边距

具体操作如下。

单击"页面布局"选项卡→"页面设置"命令组右下角的"对话框启动器"按钮，打开"页边设置"对话框，分别在"页边距"标签、"纸张"标签中进行页边距、纸张大小、纸张方向的设置。最后单击"确定"按钮即可。

2. 设置页眉、页脚和页码

（1）创建页眉或页脚

设置页眉或页脚的操作步骤如下。

① 单击"插入"选项卡→"页眉和页脚"命令组→"页眉"或"页脚"命令按钮，弹出"内置"页眉或页脚版式下拉列表框。

② 在"内置"页眉或页脚版式下拉列表框中选择一种页眉或页脚版式；或选择"编辑页眉"或"编辑页脚"项，进入页眉或页脚编辑状态，输入页眉或页脚内容。

（2）设置页眉或页脚的首页不同、奇偶页不同

操作步骤如下。

① 将插入点放置在要设置首页不同或奇偶页不同的节或文档中。

② 单击"页面布局"选项卡→"页面设置"命令组右下角的"对话框启动器"按钮，在打开

的"页面设置"对话框中进行设置。

③ 设置完成后，单击"确定"按钮即可。

（3）插入页码

插入页码的操作步骤如下。

① 单击"插入"选项卡→"页眉和页脚"命令组→"页码"命令按钮，弹出"页码"按钮下拉列表框。

② 选择一种页码出现的位置（如"页面底端"选项），再在弹出的列表中选择一种页码样式（如"普通数字2"样式），即可在文档中插入指定类型和样式的页码。

3. 打印与预览

在打印之前可使用打印预览快速查看打印页的效果。

利用单击"文件"选项卡→"打印"命令，可同时进入预览与打印窗口界面。右侧是打印预览区域，可以预览文档的打印效果。左侧是打印设置区域，可以设置打印份数，选择打印机，设置打印文档的范围、页数，还可以对纸张大小、方向、单双面打印等进行设置，最后，单击"打印"按钮即可。

【实验及操作指导】

（实验3　Word 2010 的使用）☆

实验3-1：掌握字体格式、段落格式、编号样式、页面背景等设置。掌握文字转换成表格操作、表格的修饰、表格中数据的输入和排序、表格属性设置等。

【具体要求】

打开实验素材\EX3\EX3-1\Wdzc1.docx，按下列要求完成对此文档的操作并保存。

① 设置标题段字体格式为"红色""三号""黑体""右下斜偏移阴影""加粗""居中"，并添加"着重号"。

② 将正文各段的中文设置为"小四号""宋体"，英文及数字设置为"小四号""Arial"。行距"20磅"。

③ 使用"编号"功能为正文第三段至第十段添加编号"一、""二、"……

④ 将页面设置为："A4"纸，上、下页边距各为"2cm"，装订线位置为"上"，页面垂直对齐方式为"底端对齐"。

⑤ 为文档页面添加内容为"最新公布"的文字水印，设置其字体为"隶书"，颜色为"蓝色"，版式为"斜式"。设置页面颜色为"橄榄色，强调文字颜色3，淡色60%"。

⑥ 将文中后7行文字转换成一个7行3列的表格，并将表格样式设置为"简明型1"，设置

☆ 【实验素材】C:\大学计算机信息技术-（实验素材）\EX3

表格居中、表格中所有文字水平居中。

⑦ 设置表格列宽为"3cm"，行高为"0.6cm"，设置表格所有单元格的左、右边距均为"0.3cm"。

⑧ 在表格最后添加一行，并在"月份"列输入"7"，在"CPI"列输入"6.3%"，在"PPI"列输入"10.0%"；按"CPI"列（依据"数字"类型）降序排列表格内容。

⑨ 保存文件"Wdzc1.docx"。

【实验步骤】

双击打开实验素材\EX3\EX3-1\Wdzc1.docx 文档。

① 选中标题段，单击"开始"选项卡→"字体"命令组右下角的"对话框启动器"按钮，打开"字体"对话框（如图 3-2 所示）。在对话框的"字体"标签页中，单击"中文字体"列表框下拉按钮，选择"黑体"字体，在"字号"列表框中选择"三号"，在"字形"列表框中选择"加粗"，单击"字体颜色"右侧下拉按钮，弹出颜色调色板，在"标准色"中，选择"红色"，单击"着重号"的下拉按钮，选择"·"选项，单击"确定"按钮。单击"开始"选项卡→"段落"命令组→"居中"对齐命令按钮。单击"开始"选项卡→"字体"命令组→"文本效果"下拉按钮，在弹出的列表中，选择"阴影"选项，选择"右下斜偏移"。

图 3-2　"字体"对话框 –"字体"标签

② 将插入点移到正文第一段的起始处，按住<Shift>键，鼠标单击最后一段的结束位置，单击"开始"选项卡→"字体"命令组右下角的"对话框启动器"按钮，打开"字体"对话框。单击"中文字体"的下拉按钮，选择"宋体"，单击"西文字体"的下拉按钮，选择"Arial"，在"字号"列表框中选择"小四"，单击"确定"按钮。单击"开始"选项卡→"段落"命令组右下角的"对话框启动器"按钮，打开"段落"对话框，如图 3-3 所示。单击"行距"的下拉按钮，选择"固定值"，在"设置值"数值框中输入"20 磅"，单击"确定"按钮。

③ 使用鼠标拖动选择正文的第三段至第十段的内容，单击"开始"选项卡→"段落"命令组→"编号"按钮，选择所需的编号样式，如图 3-4 所示。

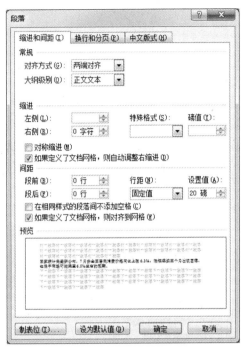

图 3-3 "段落"对话框

图 3-4 "编号"按钮下拉列表框

④ 单击"页面布局"选项卡→"页面设置"命令组右下角的"对话框启动器"按钮,打开"页面设置"对话框。在"页面设置"对话框中选择"页边距"标签,在"页边距"区域中的"上""下"数值框中均输入"2cm",单击"装订线位置"下拉按钮,选择"上"。切换到"纸张"标签,单击"纸张大小"下拉按钮,在弹出的列表中选择"A4"。切换到"版式"标签,单击"页面"区域的"垂直对齐方式"的下拉按钮,选择"底端对齐",单击"确定"按钮。

⑤ 单击"页面布局"选项卡→"页面背景"命令组→"水印"下拉按钮,选择"自定义水印"选项,打开"水印"对话框。选择"文字水印"单选按钮,在"文字"后的文本框输入水印内容"最新公布",单击"字体"后的下拉按钮,选择"隶书",单击"颜色"后的下拉按钮,弹出颜色色调色板,选择"蓝色",选中"版式"区域的"斜式"单选按钮,单击"确定"按钮,如图 3-5所示。单击"页面布局"选项卡→"页面背景"命令组→"页面颜色"的下拉按钮,在"主题色"中选择"橄榄色,强调文字颜色 3,淡色 60%"。

⑥ 鼠标拖动选择正文后 7 行,单击"插入"选项卡→"表格"命令组→"表格"下拉按钮,选择"文本转换成表格",弹出"将文字转换成表格"对话框(如图 3-6 所示)。单击"确定"按钮。单击表格左上角的移动控制点,单击"表格工具-设计"选项卡→"表格样式"命令组右侧向下箭头"其他"按钮,展开"表格样式"下拉列表框,在"内置"表格样式中选择"简明型 1",如图 3-7 所示。单击"表格工具-布局"选项卡→"表"命令组→"属性"按钮,打开"表格属性"对话框,在"对齐方式"区域中选择"居中",单击"确定"按钮,如图 3-8 所示。单击"表格工具-布局"选项卡→"对齐方式"命令组→"水平居中"按钮。

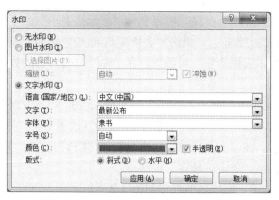

图 3-5 "水印"对话框

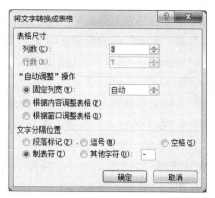

图 3-6 "将文本转换成表格"对话框

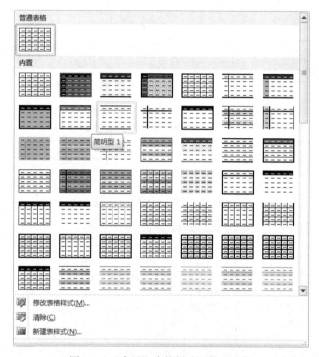

图 3-7 "内置"表格样式下拉列表框

图 3-8 "表格属性"对话框

⑦ 单击表格左上角的移动控制点，在"表格工具-布局"选项卡→"单元格大小"命令组中"高度"和"宽度"后的数值框中输入"0.6cm""3cm"。单击"表格工具-布局"选项卡→"对齐方式"命令组→"单元格边距"按钮，打开"表格选项"对话框。在"左""右"后的数值框中输入"0.3cm"，单击"确定"按钮。

⑧ 将插入点移到表格最后一行的任意单元格内，单击"表格工具-布局"选项卡→"行和列"命令组→"在下方插入"按钮。在新增行中输入数据。单击"表格工具-布局"选项卡→"数据"命令组→"排序"按钮，打开"排序"对话框。在"主要关键字"中，选择"CPI"，在"类型"列表框中选择"数字"，选中"降序"单选按钮，单击"确定"按钮。

⑨ 单击"快速访问工具栏"→"保存"按钮。完成后的样张如图3-9所示。

7月份CPI同比上涨6.3% 涨幅连续三月回落

国家统计局最新公布，7月份全国居民消费价格同比上涨6.3%，涨幅连续三个月出现回落，也低于市场可能降至6.5%左右的预期。

数据显示，7月份，居民消费价格总水平同比上涨6.3%。其中，城市上涨6.1%，农村上涨6.8%；食品价格上涨14.4%，非食品价格上涨2.1%；消费品价格上涨7.8%，服务项目价格上涨1.5%。从月环比看，居民消费价格总水平比6月份上涨0.1%；食品价格下降0.1%，其中鲜菜价格上涨4.3%，鲜蛋价格下降0.8%。

一、　食品类价格同比上涨14.4%。
二、　烟酒及用品类价格同比上涨3.1%。
三、　衣着类价格同比下降1.4%。
四、　家庭设备用品及维修服务价格同比上涨3.1%。
五、　医疗保健及个人用品类价格同比上涨3.1%。
六、　交通和通信类价格同比下降0.3%。
七、　娱乐教育文化用品及服务类价格同比下降0.9%。
八、　居住类价格同比上涨7.7%。

2013年上半年经济数据（同比涨幅）

月份	CPI	PPI
2	8.7%	6.6%
4	8.5%	8.1%
3	8.3%	8.0%
5	7.7%	8.2%
1	7.1%	6.1%
6	7.1%	8.8%
7	6.3%	10.0%

图3-9　Wdzc1.docx文档完成样张

 实验3-2：掌握查找和替换、分栏设置、添加脚注和尾注等基本操作。

【具体要求】

打开实验素材\EX3\EX3-2\Wdzc2.docx，按下列要求完成对此文档的操作并保存。

① 将文中所有错词"小雪"替换为"小学"。

② 将页面设置为："A4"，上、下页边距各为"2.5cm"，左右页边距为"3cm"，装订线"0.5cm"，位置为"左"。

③ 将标题段文字设置为"蓝色""三号""仿宋""加粗""居中"，并添加"1.5 磅"绿色阴影方框，段前段后"1 行"。

④ 设置正文各段落左右各缩进"1 字符"，首行缩进"2 字符"，"1.5 倍"行距，页面颜色为"橙色，强调文字颜色6，淡色80%"。

⑤ 将正文第二段分为等宽两栏，栏间添加分割线。

⑥ 在"两免一补"词后添加脚注（页面底端）"免杂费、免书本费、逐步补助寄宿生生活费"。

⑦ 将文中后 8 行文字转换成一个 8 行 4 列的表格，设置表格居中，表格列宽为"2.5cm"，行高"0.7cm"；设置表格中第一行和第一列文字"水平居中"，其余文字"中部右对齐"。

⑧ 按"在校生人数"列（依据数字类型）降序排列表格内容。设置表格外框线和第一行与第二行间的内框线为"3 磅"红色单实线，其余内框线为"1.5 磅"绿色单实线。

⑨ 保存文件"Wdzc2.docx"。

【实验步骤】

双击打开实验素材\EX3\EX3-2\Wdzc2.docx 文档。

① 单击"开始"选项卡→"编辑"命令组→"替换"命令按钮，打开"查找和替换"对话框的"替换"标签页。在"查找内容"中输入"小雪"，在"替换为"中输入"小学"，单击"全部替换"按钮，如图 3-10 所示。

图 3-10　"查找和替换"对话框

② 单击"页面布局"选项卡→"页面设置"命令组右下角的"对话框启动器"按钮，打开"页面设置"对话框。在"页面设置"对话框中选择"页边距"标签，在"页边距"区域中的"上""下""左""右"后的数值框中分别输入"2.5cm""2.5cm""3cm""3cm"，在"装订线"后的数值框中输入"0.5cm"，单击"装订线位置"下拉按钮，选择"左"。切换到"纸张"标签，单击"纸张大小"下拉按钮，在弹出的列表中选择"A4"，单击"确定"按钮。

③ 选中标题段，单击"开始"选项卡→"字体"命令组右下角的"对话框启动器"按钮，打开"字体"对话框。在对话框的"字体"标签页中，单击"中文字体"列表框下拉按钮，选择"仿宋"字体，在"字号"列表框中选择"三号"，在"字形"列表框中选择"加粗"，单击"字体

颜色"右侧下拉按钮，弹出颜色调色板，在"标准色"中，选择"蓝色"，单击"确定"按钮。单击"开始"选项卡→"段落"命令组→"居中"对齐命令按钮。单击"开始"选项卡→"段落"命令组→"下框线"下拉按钮，选择"边框和底纹"选项，打开"边框和底纹"对话框。在"边框"标签页的"设置"选项区中，选中"阴影"边框类型，单击"颜色"下方的下拉按钮，弹出颜色面板，在"标准色"中，选择"绿色"，单击"宽度"下方的下拉按钮，在出现的列表框中，选择"1.5磅"，在"应用于"列表框中选择"文字"，单击"确定"按钮。单击"开始"选项卡→"段落"命令组右下角的"对话框启动器"按钮，打开"段落"对话框。在"间距"区域中的"段前""段后"的数值框中输入"1行"，单击"确定"按钮。

④ 将插入点移到正文第一段的起始处，按住<Shift>键，鼠标单击最后一段的结束位置，单击"开始"选项卡→"段落"命令组右下角的"对话框启动器"按钮，打开"段落"对话框。在"缩进"区域的"左侧""右侧"的数值框中输入"1字符"，单击"特殊格式"的下拉按钮，选择"首行缩进"，在"磅值"的数值框中输入"2字符"，单击"行距"的下拉按钮，选择"1.5倍行距"，单击"确定"按钮。单击"页面布局"选项卡→"页面背景"命令组→"页面颜色"下拉按钮，在"主题色"中，选择"橙色，强调文字颜色6，淡色80%"。

⑤ 将插入点定位到正文第二段，三击鼠标左键，单击"页面布局"选项卡→"页面设置"命令组→"分栏"下拉按钮，选择"更多分栏"选项，弹出"分栏"对话框。在"预设"选项区中，选择"两栏"，选中"栏宽相等"复选框，选中"分隔线"复选框，单击"确定"按钮，如图3-11所示。

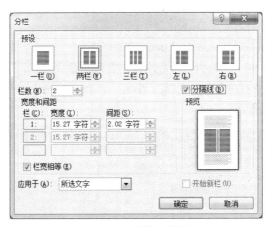

图 3-11 "分栏"对话框

⑥ 将插入点定位到"两免一补"词后，单击"引用"选项卡→"脚注"命令组→"插入脚注"命令；或者单击"引用"选项卡→"脚注"命令组右下角的"对话框启动器"按钮。打开"脚注和尾注"对话框，如图3-12所示。在对话框中选定"脚注"（页面底端），单击"确定"按钮。在页面底端注释窗格处输入"免杂费、免书本费、逐步补助寄宿生生活费"，如图3-13所示。

⑦ 拖动鼠标选择正文后8行，单击"插入"选项卡→"表格"命令组→"表格"下拉按钮，选择"文本转换成表格"，弹出"将文字转换成表格"对话框，单击"确定"按钮。单击表格左上角的移动控制点，单击"表格工具-布局"选项卡→"表"命令组→"属性"按钮，打开"表格属性"对话框，在"对齐方式"区域中选择"居中"，单击"确定"按钮。在"表格工具-布局"选项卡→"单元格大小"命令组中"高度"和"宽度"后的数值框中输入"0.7cm""2.5cm"。单击"表格工具-布局"选项卡→"对齐方式"命令组→"水平居中"按钮。鼠标拖动选择，从第二

行第二列单元格到表格最右下角单元格，单击"表格工具-布局"选项卡→"对齐方式"命令组→"中部右对齐"按钮。

图 3-12　"脚注和尾注"对话框

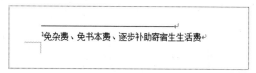

图 3-13　注释窗格输入脚注内容

⑧ 选中整个表格，单击"表格工具-布局"选项卡→"数据"命令组→"排序"按钮，打开"排序"对话框。在"主要关键字"中，选择"在校生人数"，在"类型"列表框中选择"数字"，选中"降序"单选按钮，单击"确定"按钮，如图 3-14 所示。

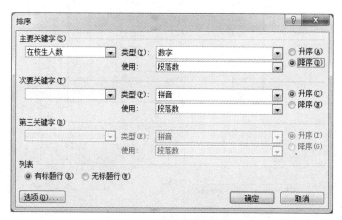

图 3-14　"排序"对话框

单击"表格工具-设计"选项卡→"绘图边框"命令组→"笔样式"下拉按钮，选择"单实线"，单击"笔划粗细"下拉按钮，选择"1.5 磅"，单击"笔颜色"下拉按钮，选择"绿色"，单击"表格工具-设计"选项卡→"表格样式"命令组→"边框"下拉按钮，选择"内部框线"。单击"笔划粗细"下拉按钮，选择"3 磅"，单击"笔颜色"下拉按钮，选择"红色"，单击"表格工具-设计"选项卡→"表格样式"命令组→"边框"下拉按钮，选择"外侧框线"。选中表格的第一行，单击"表格工具-设计"选项卡→"表格样式"命令组→"边框"下拉按钮，选择"下框线"。

⑨ 单击"快速访问工具栏"→"保存"按钮。完成后的样张如图 3-15 所示。

实验 3-3： 掌握插入页码操作及页码格式设置。掌握表格设置及表格中的数据排序和计算。

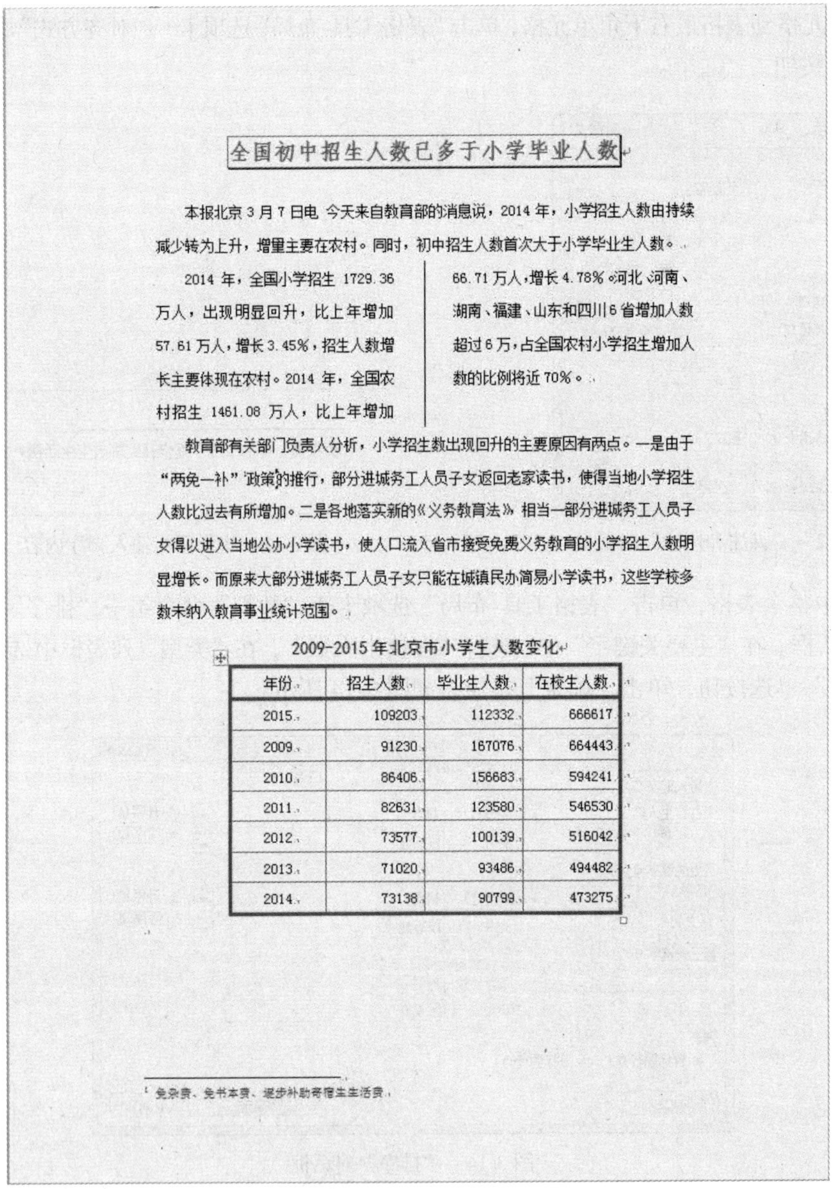

全国初中招生人数已多于小学毕业人数

本报北京 3 月 7 日电 今天来自教育部的消息说，2014 年，小学招生人数由持续减少转为上升，增量主要在农村。同时，初中招生人数首次大于小学毕业生人数。

2014 年，全国小学招生 1729.36 万人，出现明显回升，比上年增加 57.61 万人，增长 3.45%，招生人数增长主要体现在农村。2014 年，全国农村招生 1461.08 万人，比上年增加 66.71 万人，增长 4.78%。河北、河南、湖南、福建、山东和四川 6 省增加人数超过 6 万，占全国农村小学招生增加人数的比例将近 70%。

教育部有关部门负责人分析，小学招生数出现回升的主要原因有两点。一是由于"两免一补"政策的推行，部分进城务工人员子女返回老家读书，使得当地小学招生人数比过去有所增加。二是各地落实新的《义务教育法》相当一部分进城务工人员子女得以进入当地公办小学读书，使人口流入省市接受免费义务教育的小学招生人数明显增长。而原来大部分进城务工人员子女只能在城镇民办简易小学读书，这些学校多数未纳入教育事业统计范围。

2009-2015 年北京市小学生人数变化

年份	招生人数	毕业生人数	在校生人数
2015	109203	112332	666617
2009	91230	167076	664443
2010	86406	156683	594241
2011	82631	123580	546530
2012	73577	100139	516042
2013	71020	93486	494482
2014	73138	90799	473275

免杂费、免书本费、逐步补助寄宿生生活费。

图 3-15　Wdzc2.docx 文档完成样张

【具体要求】

打开实验素材\EX3\EX3-3\Wdzc3.docx，按下列要求完成对此文档的操作并保存。

① 将标题段文字设置为"三号""红色""黑体""居中"，字符间距加宽"1.5 磅"，发光文本效果为"红色，8pt 发光，强调文字颜色 2"，并添加蓝色（红色 0、绿色 0、蓝色 255）双波浪下划线。

② 将正文各段落文字设置为小四仿宋，行距设置为"20 磅"，段落首行缩进"2 字符"。

③ 在页面顶端居中位置输入"空白"型页眉，无项目符号，五号楷体，文字内容为"财经类专业计算机基础课程设置研究"，在页面底端插入"普通数字 3"型页码，起始页码为 3。

④ 将文中后 9 行文字转换为一个 9 行 5 列的表格；设置表格居中，表格中所有文字水平居中。

⑤ 删除表格中重复的行，表格第二列列宽为"6cm"，其余列列宽为"2cm"，行高为"0.6cm"。

⑥ 设置表格内部框线为"1 磅"红色单实线，外侧框线为"2.25 磅"红色双实线。设置表格第一行底纹为"茶色，背景 2，深色 25%"。

⑦ 计算"总学时"列数据，总学时=讲课+上机。按"总学时"列（依据"数字"类型）升序排列表格内容。

⑧ 计算"合计"行"讲课""上机"及"总学时"的合计值。

⑨ 保存文件"Wdzc3.docx"。

【实验步骤】

双击打开实验素材\EX3\EX3-3\Wdzc3.docx 文档。

① 选中标题段，单击"开始"选项卡→"字体"命令组右下角的"对话框启动器"按钮，打开"字体"对话框。在对话框的"字体"标签页中，单击"中文字体"列表框下拉按钮，选择"黑体"字体，在"字号"列表框中选择"三号"，单击"字体颜色"右侧下拉按钮，弹出颜色调色板，在"标准色"中，选择"红色"，单击"下划线线型"下拉按钮，选择"双波浪下划线"，单击"下划线颜色"下拉按钮，弹出颜色调色板，单击"其他颜色"，打开"颜色"对话框，切换到"自定义"标签页，在"红色""绿色""蓝色"后的数值框中分别输入"0""0""255"，单击"确定"按钮。切换到"高级"标签页，单击"间距"右侧的下拉按钮，选择"加宽"，在"磅值"后的数值框中输入"1.5 磅"，单击"确定"按钮。单击"开始"选项卡→"字体"命令组→"文本效果"下拉按钮，选择"发光"选项，在弹出的内置"发光变体"列表中选择"红色，8pt 发光，强调文字颜色2"。单击"开始"选项卡→"段落"命令组→"居中"对齐命令按钮。

② 将插入点移到正文第一段的起始处，按住<Shift>键，鼠标单击最后一段的结束位置，单击"开始"选项卡→"字体"命令组→"字体"下拉按钮，选择"仿宋"选项，单击"字号"下拉按钮，选择"小四"。单击"开始"选项卡→"段落"命令组右下角的"对话框启动器"按钮，打开"段落"对话框。单击"特殊格式"的下拉按钮，选择"首行缩进"，在"磅值"的数值框中输入"2 字符"，单击"行距"的下拉按钮，选择"固定值"，在"设置值"的数值框中输入"20 磅"，单击"确定"按钮。

③ 单击"插入"选项卡→"页眉和页脚"命令组→"页眉"下拉按钮，选择"空白"型。在"键入文字"区域输入"财经类专业计算机基础课程设置研究"；单击"开始"选项卡→"段落"命令组→"项目符号"按钮，去掉项目符号设置；选定页眉内容，单击"开始"选项卡→"字体"命令组中"字体"命令右侧下拉按钮，在弹出的下拉列表中选择"楷体"，单击"字号"命令右侧下拉按钮，在弹出的下拉列表中选择"五号"。选中页脚区域的页码，单击"页眉和页脚工具-设计"选项卡→"页眉和页脚"命令组→"页码"下拉按钮，在弹出的下拉列表中单击"页面底端"选择"普通数字 3"（如图 3-16 所示）。单击"页眉和页脚工具-设计"选项卡→"页眉和页脚"命令组→"页码"下拉按钮，选择"设置页码格式"选项，打开"页码格式"对话框（如图 3-17 所示），在"起始页码"后的数值框中输入"3"，单击"确定"按钮。

④ 拖动鼠标选择正文后 9 行，单击"插入"选项卡→"表格"命令组→"表格"下拉按钮，选择"插入表格"。单击表格左上角的移动控制点，单击"表格工具-布局"选项卡→"表"命令组→"属性"按钮，打开"表格属性"对话框，在"对齐方式"区域中选择"居中"，单击"确定"按钮。单击"表格工具-布局"选项卡→"对齐方式"命令组→"水平居中"按钮。

⑤ 选中表格中重复的一行，单击"表格工具-布局"选项卡→"行和列"命令组→"删除表

格"下拉按钮，选择"删除行"。选中整个表格，在"表格工具-布局"选项卡→"单元格大小"命令组的"高度"和"宽度"后的数值框中分别输入"0.6cm""2cm"，如图 3-18 所示。选择表格第二列，在"表格工具-布局"选项卡→"单元格大小"命令组的"宽度"后的数值框中输入"6cm"。

图 3-16   "页码"按钮下拉列表框

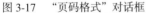

图 3-17   "页码格式"对话框

图 3-18   "表格工具-布局"选项卡→"单元格大小"命令组

⑥ 选中整个表格，单击"表格工具-设计"选项卡→"绘图边框"命令组→"笔样式"下拉按钮，选择"单实线"，单击"笔划粗细"下拉按钮，选择"1 磅"，单击"笔颜色"下拉按钮，选择"红色"，单击"表格工具-设计"选项卡→"表格样式"命令组→"边框"下拉按钮，选择"内部框线"。单击"表格工具-设计"选项卡→"绘图边框"命令组→"笔样式"下拉按钮，选择"双实线"，单击"笔划粗细"下拉按钮，选择"2.25 磅"，单击"笔颜色"下拉按钮，选择"红色"，单击"表格工具-设计"选项卡→"表格样式"命令组→"边框"下拉按钮，选择"外侧框线"。选中表格的第一行，单击"表格工具-设计"选项卡→"表格样式"命令组→"底纹"下拉按钮，选择"茶色，背景 2，深色 25%"。

⑦ 将插入点定位到表格第 2 行第 5 列，单击"表格工具-布局"选项卡→"数据"命令组→"公式"按钮，打开"公式"对话框（如图 3-19 所示），输入公式"=SUM(LEFT)"或"=SUM(C2:D2)"

或 "=C2+D2" 均可，单击 "确定" 按钮即计算出第 2 行的 "总学时" 值。插入点移到下一单元格，按<F4>键可重复上一次操作，继续相似操作，直到完成表格第 7 行第 5 列单元格的计算为止。拖动鼠标选择表格前 7 行，单击 "表格工具-布局" 选项卡→ "数据" 命令组→ "排序" 按钮，打开 "排序" 对话框。在 "主要关键字" 中，选择 "总学时"，在 "类型" 列表框中选择 "数字"、"升序" 单选按钮，单击 "确定" 按钮。

图 3-19　"公式" 对话框

⑧ 将插入点定位到表格第 9 行第 3 列，单击 "表格工具-布局" 选项卡→ "数据" 命令组→ "公式" 按钮，打开 "公式" 对话框，输入公式 "=SUM(ABOVE)" 或 "=SUM(C2:C8)" 均可，单击 "确定" 按钮即计算出 "合计" 行 "讲课" 的合计值。插入点移到右边单元格，按<F4>键重复上一次操作，继续相似操作，直到完成表格 "上机" 及 "总学时" 的合计值计算为止。

⑨ 单击 "快速访问工具栏" → "保存" 按钮。完成后的样张如图 3-20 所示。

财经类专业计算机基础课程设置研究

财经类公共基础课程模块化

按照《高等学校文科类专业大学计算机教学基本要求（2011年版）》要求，财经类公共基础部分的内容包括：计算机基础知识（软、硬件平台）、微机操作系统及其使用、多媒体知识与应用基础、办公软件应用、计算机网络基础、Internet 基本应用、电子政务基础、电子商务基础、数据库系统基础和程序设计基础等。

公共基础课程的组成由模块组装构架。如果课时有限，并且考虑到有些学生已经具备了其中的部分知识，《基本要求》给出了公共基础课程的三种组合方式供选择。

第一种组合方式：课程名可为：大学计算机应用基础

序号	模块	讲课	上机	总学时
1	计算机基础知识	6	2	8
2	微机操作系统及其应用	4	4	8
3	多媒体知识和应用基础	7	7	14
6	Internet 基本应用	7	7	14
5	计算机网络基础	10	8	18
4	办公软件应用	14	14	28
合计		48	42	90

图 3-20　Wdzc3.docx 文档完成样张

实验 3-4：掌握边框与底纹、首字下沉等操作。掌握插入图片操作及图片格式设置。

【具体要求】

打开实验素材\EX3\EX3-4\Wdzc4.docx，按下列要求完成对此文档的操作并保存。

① 给文章加标题"传感技术的发展"，设置其字体格式为"华文彩云""二号字""加粗""深红色""居中对齐"。

② 为标题段文字设置"水绿色，强调文字颜色 5，淡色 60%"底纹，并加红色 1.5 磅带阴影边框。

③ 设置正文第一段首字下沉"3 行"、距正文"0.3cm"，首字字体为"隶书""红色"，其余各段落设置为首行缩进"2 字符"。

④ 将正文中所有的"传感器"设置为蓝色（红色 0、绿色 0、蓝色 255），并加着重号。

⑤ 在正文第五段以四周型环绕方式插入图片"pic4.jpg"，并设置图片高度为"4cm"，宽度为"6cm"。

⑥ 将正文倒数第二段分为等宽两栏，栏间加分隔线。

⑦ 设置奇数页页眉为"传感技术"，偶数页页眉为"国内外发展趋势"，均居中显示。

⑧ 在正文第九段插入自选图形"椭圆形标注"，并添加文字"技术革命"，设置其字体格式为"楷体""四号""蓝色"（标准色），填充色为"黄色"，环绕方式为"四周型"。

⑨ 保存文件"Wdzc4.docx"。

【实验步骤】

双击打开实验素材\EX3\EX3-4\Wdzc4.docx 文档。

① 将插入点定位到正文第一段段首位置键入回车键，完成在第一段前插入一个空行。将插入点移到空行处，输入"传感技术的发展"。选择"传感技术的发展"文本内容，单击"开始"选项卡→"字体"命令组右下角的"对话框启动器"按钮，打开"字体"对话框。在对话框的"字体"标签页中，单击"中文字体"列表框下拉按钮，选择"华文彩云"字体，在"字号"列表框中选择"二号"，在"字形"列表框中选择"加粗"，单击"字体颜色"右侧下拉按钮，弹出颜色调色板，在"标准色"中，选择"深红"色，单击"确定"按钮。确保插入点在标题段，单击"开始"选项卡→"段落"命令组→"居中"对齐命令按钮。

② 将鼠标指针移到标题段的最左边，出现右向箭头时单击，完成选择标题段。单击"开始"选项卡→"段落"命令组→"下框线"右侧下拉按钮，单击列表底部的"边框和底纹"选项，打开"边框和底纹"对话框。在"边框"标签（如图 3-21 所示）页的"设置"选项区中，选中"阴影"边框类型，单击"颜色"下方的下拉按钮，弹出颜色面板，在"标准色"中，选择"红色"，单击"宽度"下方的下拉按钮，在出现的列表框中，选择"1.5 磅"，在"应用于"列表框中选择"文字"，切换到"底纹"标签（如图 3-22 所示）页，单击"填充"下拉按钮，弹出颜色面板，在"主题色"中选择"水绿色，强调文字颜色 5，淡色 60%"，在"应用于"列表框中选择"文字"，单击"确定"按钮。

图 3-21 "边框和底纹"对话框 -"边框"标签

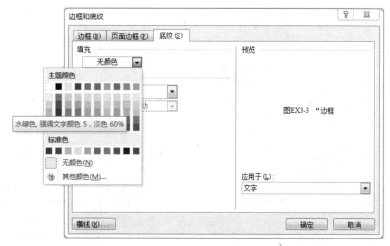

图 3-22 "边框和底纹"对话框 -"底纹"标签

③ 将插入点定位到正文第一段,单击"插入"选项卡→"文本"命令组→"首字下沉"命令
按钮,在下拉列表框中选择"首字下沉选项",弹出"首字下沉"
对话框(如图 3-23 所示)。在"位置"区域选择"下沉",在"字
体"下拉按钮中选择"隶书",在"下沉行数"框中设置"首字
下沉"的行数为"3",在"距正文"框中设置"0.3cm",单击
"确定"按钮。选择首字所在的文本框,单击"开始"选项卡→"字
体"命令组→"字体颜色"按钮的右侧下拉按钮,弹出颜色调色
板,在"标准色"中选择"红色"。将插入点定位到第二段的起
始处,按住<Shift>键,鼠标单击最后一段的结束位置,单击"开
始"选项卡→"段落"命令组右下角的"对话框启动器"按钮,
打开"段落"对话框。单击"特殊格式"下方的下拉列表框的下

图 3-23 "首字下沉"对话框

拉按钮,选择"首行缩进",在"磅值"下方的微调按钮设置"2 字符",单击"确定"按钮。

④ 单击"开始"选项卡→"编辑"命令组→"替换"命令按钮,打开"查找和替换"对话框

的"替换"标签页。在"查找内容"中输入"传感器",在"替换为"中输入"传感器",单击"更多"按钮,展开窗口。单击窗口下方的"格式"按钮,选择"字体"命令,打开"字体"对话框,单击"字体颜色"右侧下拉按钮,弹出颜色调色板,单击"其他颜色"选项,打开"颜色"对话框。切换到"自定义"标签页,在"红色""绿色""蓝色"后的数值框中分别输入"0""0""255",单击"确定"按钮。单击"着重号"的下拉按钮,选择"·",单击"确定"按钮。单击"全部替换"按钮。

⑤ 将插入点定位到正文第五段,单击"插入"选项卡→"插图"命令组→"图片"命令按钮,打开"插入图片"对话框(如图 3-24 所示)。在"插入图片"对话框中,定位到路径"实验素材\EX3\EX3-4"文件夹,选择"pic4.jpg",单击"插入"按钮即可。选中图片,选择"图片工具-格式"选项卡→"大小"命令组右下角的"对话框启动器"按钮,打开"布局"对话框。在其中的"大小"标签(如图 3-25 所示)下,取消选择"锁定纵横比",设定其"高度"和"宽度"的分别为"4cm"和"6cm";在其中的"文字环绕"标签(如图 3-26 所示)下,选择"四周型"环绕,单击"确定"按钮。

图 3-24　"布局"对话框

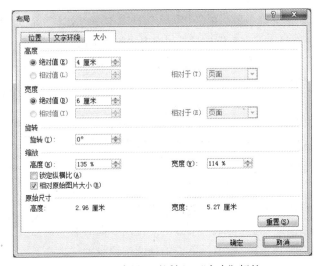

图 3-25　"布局"对话框 - "大小"标签

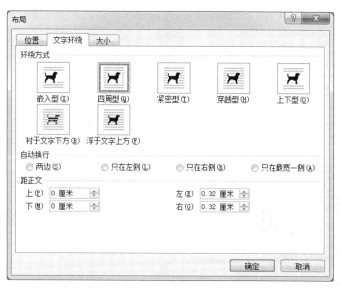

图 3-26　　"布局"对话框 - "文字环绕"标签

⑥ 选择正文倒数第二段，单击"页面布局"选项卡→"页面设置"命令组→"分栏"命令按钮，在弹出的下拉列表框中选择"更多分栏"选项，弹出"分栏"对话框。在"预设"选项区中，选择"两栏"，选中"栏宽相等"复选框，选中"分隔线"复选框，单击"确定"按钮。

⑦ 单击"页面布局"选项卡→"页面设置"命令组右下角的"对话框启动器"按钮，打开"页面设置"对话框。在"页面设置"对话框中选择"版式"标签，在"页眉和页脚"区域中选中"奇偶页不同"复选框，单击"确定"按钮。单击"插入"选项卡→"页眉和页脚"命令组→"页眉"命令按钮，弹出"内置"页眉版式下拉列表框，选择"编辑页眉"，进入页眉编辑状态，在奇数页页眉处，输入"传感技术"，在偶数页页眉处输入"国内外发展趋势"，单击"页眉和页脚工具"选项卡→"关闭"命令组→"关闭页眉和页脚"按钮或者双击文档正文区域即可。

⑧ 单击"插入"选项卡→"插图"命令组→"形状"命令按钮，在弹出的形状选择下拉列表框中选择"椭圆形标注"，移动鼠标到正文第九段的合适位置，按下鼠标左键并拖动至合适的大小后松开，此时插入点出现在自选图形中，输入"技术革命"。鼠标移至图形的边框单击，选择图形对象，单击"开始"选项卡→"字体"命令组设置字体为"楷体"，字号为"四号"，字体颜色为"蓝色"。单击"绘图工具-格式"选项卡→"形状样式"命令组→"形状填充"右侧的下拉按钮，在"标准色"中，选择"黄色"。单击"绘图工具-格式"选项卡→"排列"命令组→"自动换行"下方的下拉按钮，选择"四周型环绕"。

⑨ 单击"快速访问工具栏"→"保存"按钮。完成后的样张如图 3-27 所示。

　实验 3-5：掌握文档的页面设置。掌握文本框和自选图形的插入及其格式设置。

【具体要求】

打开实验素材\EX3\EX3-5\Wdzc5.docx，按下列要求完成对此文档的操作并保存。

① 将页面设置为："A4"纸，上、下页边距为"2.5cm"，左、右页边距为"3cm"，每页"42 行"，每行"40 个"字符。

图 3-27　Wdzc4.docx 文档完成样张

② 在适当位置插入竖排文本框"地球化学发展简史",设置其字体格式为"华文行楷""二号""红色",设置文本框环绕方式为"四周型",形状填充为"茶色,背景 2"。

③ 设置正文各段为"小四""仿宋",首行缩进"2 字符",左右各缩进"1 字符",行距"20 磅",段前段后各"0.5 行"。

④ 将正文中所有的"化学"添加红色双波浪下划线。

⑤ 插入奥斯汀型页眉,页眉标题为"发展简史",页眉内容为"地球化学"。

⑥ 在正文第六段中部插入图片"pic5.jpg",设置图片的宽度、高度缩放均为"150%",环绕方式为"四周型"。

⑦ 在正文适当位置插入自选图形"椭圆形标注",添加文字"地球化学的基本内容",设置文字格式为:"华文新魏""红色""三号",设置自选图形格式为:"浅绿色"填充色、"紧密型环绕方式"。

⑧ 将正文最后一段分为等宽两栏,栏间加分隔线。

⑨ 保存文件"Wdzc5.docx"。

【实验步骤】

双击打开实验素材\EX3\EX3-5\Wdzc5.docx 文档。

① 单击"页面布局"选项卡→"页面设置"命令组右下角的"对话框启动器"按钮,打开"页面设置"对话框。在"页面设置"对话框中选择"页边距"标签(如图 3-28 所示),在"页边距"区域中的"上""下""左""右"数值框中分别输入"2.5cm""2.5cm""3cm""3cm"。切换到"纸张"标签,单击"纸张大小"下拉按钮,在弹出的列表中选择"A4"。切换到"文档网格"标签(如图 3-29 所示),在"网格"区域选择"指定行和字符网格",在"每行""每页"数值框中分别输入"40""42"后,单击"确定"按钮。

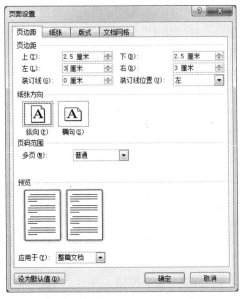

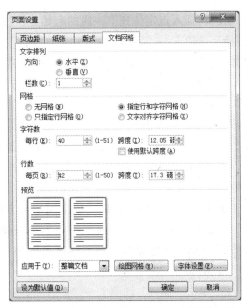

图 3-28　"页面设置"对话框 - "页边距"标签　　　　图 3-29　"页面设置"对话框 - "文档网格"标签

② 单击"插入"选项卡→"文本"命令组→"文本框"命令按钮，在弹出的下拉列表框（如图 3-30 所示）中选择"绘制竖排文本框"项；将鼠标移动到要插入文本框的位置，按下鼠标左键并拖动至合适大小后松开。在插入的文本框中输入文字"地球化学发展简史"。选择文本框对象，单击"开始"选项卡→"字体"命令组设置字体为"华文行楷"，字号为"二号"，字体颜色为"红色"。单击"绘图工具-格式"选项卡→"形状样式"命令组→"形状填充"右侧的下拉按钮，在"主题色"中，选择"茶色，背景 2"。单击"绘图工具-格式"选项卡→"排列"命令组→"自动换行"下方的下拉按钮，在弹出下拉列表（如图 3-31 所示）中选择"四周型环绕"。

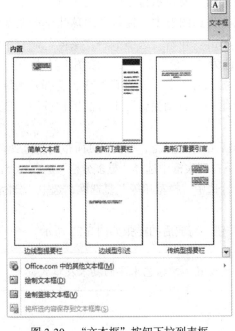

图 3-30　"文本框"按钮下拉列表框　　　　　　图 3-31　"自动换行"按钮下拉列表框

③ 将插入点定位到第一段的起始处，按住<Shift>键，鼠标单击最后一段的结束位置，单击"开始"选项卡→"字体"命令组→"字体"下拉按钮，选择"仿宋"，单击"字号"下拉按钮，选择"小四"。单击"开始"选项卡→"段落"命令组右下角的"对话框启动器"按钮，打开"段落"对话框。"缩进"区域中"左侧""右侧"后的数值框均设置为"1 字符"，单击"特殊格式"下方的下拉列表框的下拉按钮，选择"首行缩进"，在"磅值"数值框中设置"2 字符"，"间距"区域中"段前""段后"的数值框均设置为"0.5 行"，单击"行距"的下拉按钮，选择"固定值"，在"设置值"数值框中输入"20 磅"，单击"确定"按钮。

④ 单击"开始"选项卡→"编辑"命令组→"替换"命令按钮，打开"查找和替换"对话框的"替换"标签。在"查找内容"中输入"化学"，在"替换为"中输入"化学"，单击"更多"按钮，展开窗口。单击窗口下方的"格式"按钮，选择"字体…"命令，打开"字体"对话框，单击"下划线线型"的下拉按钮，选择"双波浪线"，单击"下划线颜色"下拉按钮，弹出颜色面板，在"标准色"中选择"红色"，单击"确定"按钮。单击"全部替换"按钮。

⑤ 单击"插入"选项卡→"页眉和页脚"命令组→"页眉"命令按钮，弹出"内置"页眉版式下拉列表框，选择"奥斯汀"版式，在页眉标题处输入"发展简史"，在页眉内容处输入"地球化学"。单击"页眉和页脚工具"选项卡→"关闭"命令组→"关闭页眉和页脚"按钮。

⑥ 将插入点定位至正文第六段，单击"插入"选项卡→"插图"命令组→"图片"命令按钮，打开"插入图片"对话框。在"插入图片"对话框中，定位到路径"实验素材\EX3\EX3-5"文件夹，选择"pic5.jpg"。单击"插入"按钮。选中图片，选择"图片工具-格式"选项卡→"大小"命令组右下角的"对话框启动器"按钮，打开"布局"对话框。在其中的"大小"标签下"缩放"区域，设定其"高度"和"宽度"均为"150%"，单击"确定"按钮。单击"图片工具-格式"选项卡→"排列"命令组→"自动换行"下方的下拉按钮，选择"四周型环绕"。

⑦ 单击"插入"选项卡→"插图"命令组→"形状"命令按钮，在弹出的形状选择下拉列表框中选择"椭圆形标注"，移动鼠标到文档中要显示自选图形的位置，按下鼠标左键并拖动至合适的大小后松开，此时插入点出现在自选图形中，输入"地球化学的基本内容"。鼠标移至图形的边框单击，选择图形对象，单击"开始"选项卡→"字体"命令组设置字体为"华文新魏"，字号为"三号"，字体颜色为"红色"。单击"绘图工具-格式"选项卡→"形状样式"命令组→"形状填充"右侧的下拉按钮，在"标准色"中，选择"浅绿色"。单击"绘图工具-格式"选项卡→"排列"命令组→"自动换行"下方的下拉按钮，选择"紧密型环绕"。

⑧ 选中正文最后一段文本内容，不包括最后的段落标记，单击"页面布局"选项卡→"页面设置"命令组→"分栏"命令按钮，在弹出的下拉列表框中选择"更多分栏"选项，弹出"分栏"对话框。在"预设"选项区中，选择"两栏"，选中"栏宽相等"复选框，选中"分隔线"复选框，单击"确定"按钮。

⑨ 单击"快速访问工具栏"→"保存"按钮。完成后的样张如图 3-32 所示。

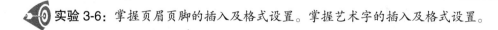

实验 3-6：掌握页眉页脚的插入及格式设置。掌握艺术字的插入及格式设置。

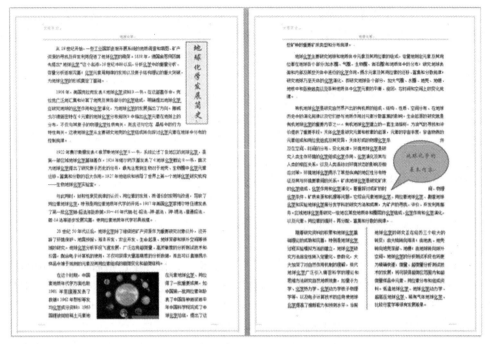

图 3-32 Wdzc5.docx 文档完成样张

【具体要求】

打开实验素材\EX3\EX3-6\Wdzc6.docx，按下列要求完成对此文档的操作并保存。

① 文章加标题"旅游景点日月潭"，设置其字体格式为"华文彩云""一号""红色""居中""150%"字符缩放，加宽"1 磅"。

② 在标题段下方插入一条"2 磅"绿色横线。

③ 设置正文各段落文字字体格式为"小四""仿宋"，段落设置为首行缩进"2 字符"，"1.2 倍"行距，段前段后间距"0.5 行"。

④ 在正文第二段适当位置插入艺术字"美丽的日月潭"，采用"填充-红色，强调文字颜色 2，粗糙棱台"样式，文字效果为"转换-波形 1"式样，设置艺术字字体格式为"楷体"字号为"40"，环绕方式为"紧密型"。

⑤ 将 PowerPoint 演示文稿"热门景点.pptx"中的图片复制到正文第五段中部，并设置图片高度、宽度大小缩放"150%"环绕方式为"四周型"。

⑥ 设置首页页眉为"台湾旅游"，其他页页眉为"TAIWANTOURS"，字体格式均为"楷体""五号""居中"。

⑦ 为页面添加"1.5 磅"绿色单波浪线边框，给正文第六段加上"3 磅"带阴影的绿色边框，填充"灰色-10%"底纹。

⑧ 将正文第四段分成偏左两栏，第一栏宽度为"12 字符"，间距为"2 字符"，栏间添加分隔线。

⑨ 保存文件"Wdzc6.docx"。

【实验步骤】

双击打开实验素材\EX3\EX3-6\Wdzc6.docx 文档。

① 将插入点移到正文第一段段首位置键入回车键，完成在第一段前插入一个空行。将插入点移到空行处，输入"旅游景点日月潭"。选择标题段，单击"开始"选项卡→"字体"命令组中"字体"右下角的"对话框启动器"按钮，打开"字体"对话框。在对话框的"字体"标签页中，单击"中文字体"列表框下拉按钮，选定"华文彩云"字体，在"字号"列表框中选定"一号"，单击"字体颜色"右侧下拉按钮，弹出颜色调色板，在"标准色"中，选择"红色"，切换到"高级"标签页，单击"字符间距"区域的"缩放"后的下拉列表框，选择"150%"，单击"间距"后的下拉列表框，选择"加宽"，在对应"磅值"后的输入框中，输入"1 磅"，单击"确定"按钮。单击"开始"选项卡→"段落"命令组→"居中"对齐命令按钮。

② 将插入点移到标题段的末尾，单击"开始"选项卡→"段落"命令组→"下框线"右侧的下拉按钮，选择"横线"选项。选中"横线"，右键单击鼠标，在快捷菜单中，选择"设置横线格式"，打开"设置横线格式"对话框。在"高度"数值框中输入"2 磅"，单击"颜色"区域的下拉按钮，弹出颜色调色板，选择"绿色"，单击"确定"按钮。

③ 将插入点移到正文第一段的起始处，按住<Shift>键，鼠标单击最后一段的结束位置，单击"开始"选项卡→"字体"命令组中的"字体"下拉按钮，选择"仿宋"，单击"字号"下拉按钮，选择"小四"。单击"开始"选项卡→"段落"命令组右下角的"对话框启动器"按钮，打开"段落"对话框。单击"特殊格式"下方的下拉列表框，选择"首行缩进"，在"磅值"下方的微调按钮设置"2 字符"，在"间距"区域设置"段前""段后"后的数值框中均输入"0.5行"，单击"行距"下拉列表框，选择"多倍行距"，在"设置值"的数值框中输入"1.2"，单击"确定"按钮。

④ 单击"插入"选项卡→"文本"命令组→"艺术字"命令按钮，在弹出的下拉列表框中选择"填充-红色，强调文字颜色 2，粗糙棱台"样式（如图 3-33 所示）；在插入的艺术字中输入文字"美丽的日月潭"。选择艺术字对象，单击"绘图工具-格式"选项卡→"艺术字样式"命令组→"文本效果"按钮，在弹出的列表中选择"转换"选项，在"弯曲"区域选择"波形 1"。单击"开始"选项卡→"字体"命令组设置字体为"楷体"，字号为"40"。单击"绘图工具-格式"选项卡→"排列"命令组→"自动换行"下方的下拉按钮，选择"紧密型环绕"。拖动艺术字对象，将其位置调到正文第二段。

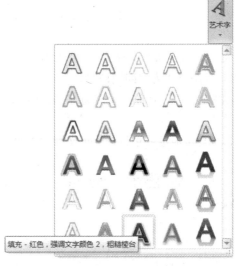

图 3-33　艺术字样式列表

⑤ 双击打开素材文件夹中的 "热门景点.pptx" 文件，选中图片，单击 "开始" 选项卡→ "剪贴板" 命令组→ "复制" 命令按钮，切换到 word 窗口，将插入点定位到正文第五段，单击 "开始" 选项卡→ "剪贴板" 命令组→ "粘贴" 命令按钮。选中图片，选择 "图片工具-格式" 选项卡→ "大小" 命令组右下角的 "对话框启动器" 按钮，打开 "布局" 对话框。在其中的 "大小" 标签下 "缩放" 区域，设定其 "高度" 和 "宽度" 均为 "150%"，单击 "确定" 按钮。单击 "图片工具-格式" 选项卡→ "排列" 命令组→ "自动换行" 下方的下拉按钮，选择 "四周型环绕"。

⑥ 在 "页面设置" 对话框中选择 "版式" 标签（如图 3-34 所示），在 "页眉和页脚" 区域中选中 "首页不同" 复选框，单击 "确定" 按钮。单击 "插入" 选项卡→ "页眉和页脚" 命令组→ "页眉" 命令按钮，弹出 "内置" 页眉版式下拉列表框，选择 "空白" 版式，或选择 "编辑页眉"，进入页眉编辑状态，在首页页眉处，输入 "台湾旅游"，在其他页页眉处输入 "TAIWAN TOURS"。选中首页页眉处的文本 "台湾旅游"，单击 "开始" 选项卡→ "字体" 命令组中 "字体" 右侧的下拉按钮，选择 "楷体"，单击 "字号" 右侧的下拉按钮，选择 "五号"，单击 "开始" 选项卡→ "段落" 命令组中 "居中" 命令按钮。单击 "开始" 选项卡→ "剪贴板" 命令组中 "格式刷" 命令按钮，鼠标移到其他页页眉处，按住鼠标左键拖动，完成其他页页眉格式的设置。单击 "页眉和页脚工具" 选项卡→ "关闭页眉和页脚" 按钮。

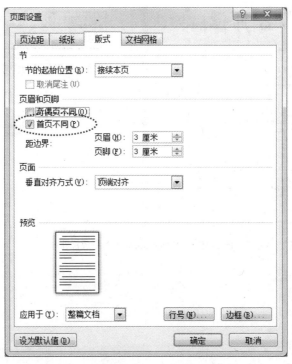

图 3-34 "页面设置" 对话框-"版式" 标签

⑦ 选中正文第六段，单击 "页面布局" 选项卡→ "页面背景" 命令组→ "页面边框" 命令按钮，打开 "边框和底纹" 对话框的 "页面边框" 标签页。在 "设置" 选项区中，选中 "方框" 边框类型，在 "样式" 列表框中选择 "单波浪线"，单击 "颜色" 下方的下拉按钮，弹出颜色面板，在 "标准色" 中，选择 "绿色"，单击 "宽度" 下方的下拉按钮，在出现的列表框中，选择 "1.5 磅"。切换到 "边框" 标签页，在 "设置" 选项区中，选中 "阴影" 边框类型，单击 "颜色" 下方的下拉按钮，弹出颜色面板，在 "标准色" 中，选择 "绿色"，单击 "宽度" 下方的下拉按钮，

在出现的列表框中，选择"3 磅"，在"应用于"列表框中选择"段落"。切换到"底纹"标签页，在"图案"区域的"样式"下拉列表中选择"10%"，在"应用于"列表框中选择"段落"，单击"确定"按钮。

⑧ 选中正文第四段，单击"页面布局"选项卡→"页面设置"命令组→"分栏"命令按钮，在弹出的下拉列表框中选择"更多分栏"选项，弹出"分栏"对话框。在"预设"选项区中，选择"左"，在第 1 栏的"宽度"和"间距"的数值框中分别输入"12 字符""2 字符"，选中"分隔线"复选框，单击"确定"按钮。

⑨ 单击"快速访问工具栏"→"保存"按钮。完成后的样张如图 3-35 所示。

图 3-35   Wdzc6.docx 文档完成样张

第4章
电子表格 Excel 2010

【大纲要求重点】

- 电子表格的基本概念，Excel 2010 的基本功能、运行环境、启动和退出。
- 工作簿和工作表的基本概念，工作表的创建、数据输入和编辑。
- 工作表和单元格的选定、插入、删除、复制、移动，工作表的重命名和工作表窗口的拆分和冻结。
- 工作表的格式化，包括设置单元格格式、设置列宽和行高、设置条件格式、使用样式、自动套用模式和使用模板等。
- 单元格绝对地址和相对地址的概念，工作表中公式的输入和复制，常用函数的使用。
- 数据清单的概念，数据清单内容的建立、排序、筛选、分类汇总，数据合并，数据透视表的建立。
- 图表的建立、编辑和修改以及修饰。
- 工作表的页面设置、打印预览和打印，工作表中链接的建立。
- 保护和隐藏工作簿和工作表。

【知识要点】

4.1 Excel 2010 基础

1. Excel 2010 的启动

Excel 2010 常用的启动方法有以下几种。

➢ 选择"开始"菜单→"所有程序"→"Microsoft Office"→"Microsoft Office Excel 2010"命令。
➢ 如果在桌面上已经创建了启动 Excel 2010 的快捷方式，则双击快捷方式图标。
➢ 双击"Windows 资源管理器"窗口中的 Excel 电子表格文件（其扩展名为.xlsx），Excel 2010 将会启动并且打开相应的文件。

2. Excel 2010 的退出

Excel 2010 常用的退出方法有以下几种。

➤ 单击标题栏上的"关闭"按钮▣。

➤ 执行"文件"→"退出"命令。

➤ 双击标题栏左侧的控制菜单按钮。

➤ 在标题栏上单击鼠标右键，在弹出的快捷菜单中单击"关闭"命令。

➤ 按<Alt+F4>组合键。

3. 窗口的组成

Excel 2010 应用程序窗口主要由标题栏、快速访问工具栏、选项卡、功能区、工作表编辑区、工作表标签及插入工作表按钮、名称框、编辑栏、插入函数按钮、行号和列标、状态栏、视图切换按钮和显示比例滑块等部分组成，如图 4-1 所示。

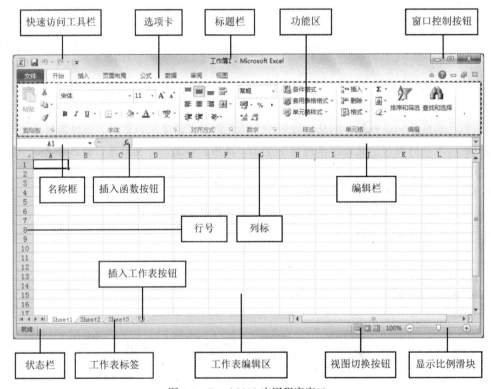

图 4-1　Excel 2010 应用程序窗口

选项卡：位于标题栏的下面，通常包括"文件""开始""插入""页面布局""公式""数据""审阅""视图"等不同类型的选项卡。单击某选项卡，将在功能区切换出该选项卡类别相应的多组命令按钮组。其中，"公式"和"数据"选项卡是 Excel 2010 特有的功能。

功能区：位于选项卡的下面，用于显示与选项卡对应的多个命令组，命令组中包含具体的命令按钮，每个按钮执行一项具体功能。

工作表标签及插入工作表按钮：单击相应的工作表标签即可切换到工作簿中的该工作表下，

默认情况下一个工作簿中含有 3 个工作表。可以单击工作表标签右侧的"插入工作表"按钮 🔁，插入新的工作表。

编辑栏：位于名称框的右侧，用于直接显示、输入、编辑和修改当前单元格中的数据或公式。在单元格输入时也会同时在编辑栏中显示。当在单元格中输入或编辑内容时，编辑栏中会出现"取消"按钮 ✖ 或"确认"按钮 ✔，分别用于取消或确认单元格中的内容，相当于键盘上的<Esc>键和<Enter>键。

插入函数按钮：单击"插入函数"按钮 ƒx 会打开"插入函数"对话框，用户可向单元格插入函数。

行号和列标：每张工作表中有横向的行和纵向的列，行号是位于各行左侧的数字，通常用数字表示。列标是位于各列上方的字母，用大写英文字母表示。（例如，A3 表示第 3 行第 A 列单元格。）

4.2　工作簿的创建、打开和保存

1. 创建工作簿

一个工作簿就是一个 Excel 文件，创建 Excel 工作簿的常用方法有以下几种。

➢ 启动 Excel 2010 应用程序之后，系统自动创建一个新的默认文件名为"工作簿 1"的工作簿新文件。

➢ 单击"文件"选项卡→"新建"命令→"可用模板"→"空白工作簿"→"创建"按钮，即可创建一个空白工作簿。

➢ 单击"自定义快速访问工具栏"按钮，在弹出的下拉菜单中选择"新建"项，之后可以通过单击快速访问工具栏中新添加的"新建"按钮创建空白工作簿。

➢ 使用<Ctrl+N>组合键，即会直接建立一个空白工作簿。

2. 打开工作簿

下列几种方法都可以实现打开一个已经存在的工作簿。

➢ 在"Windows 资源管理器"窗口中，双击要打开的文件。

➢ 在 Excel 工作簿窗口中，执行"文件"→"打开"命令，在弹出的"打开"对话框中找到要打开的文件，双击或者单击"打开"按钮。

➢ 单击"自定义快速访问工具栏"按钮，在弹出的下拉菜单中选择"打开"项，之后单击快速访问工具栏中新添加的"打开"按钮即可。

3. 保存工作簿

下列几种方法都可以实现保存工作簿文件。

➢ 执行"文件"→"保存"命令。

➢ 单击"快速访问工具栏"上的"保存"按钮。

➢ 按<Ctrl+S>组合键。

4.3　输入与编辑工作表

1. 输入数据

Excel 2010 支持多种数据类型，向单元格输入数据通常通过以下几种方法。

➤ 单击要输入数据的单元格，使其成为活动单元格，然后直接输入数据。

➤ 双击要输入数据的单元格，单元格内出现光标插入点，此时可直接输入数据或修改已有的数据信息。

➤ 单击选中单元格，然后移动鼠标至编辑栏，在编辑栏添加或输入数据。数据输入后，单击编辑栏上的"确认"按钮或按<Enter>键确认输入，单击"取消"按钮或按<Esc>键取消输入。对于不同的数据类型，输入要求各不相同。

2. 自动填充数据

（1）使用填充柄填充数据

操作步骤如下。

① 选定包含初始值的单元格或单元格区域。

② 将鼠标移至单元格区域右下角的控制柄上，当鼠标指针变为黑十字形状填充柄时，拖动填充柄到填充序列区域的终止位置，释放填充柄。

③ 此时，在填充区域的右下方出现"自动填充选项"按钮，单击会弹出下拉列表框，列出数据填充的方式（包括"复制单元格""填充序列""仅填充格式""不带格式填充"等）供选择，以实现单元格区域按选项设置的数据填充。

（2）使用功能区命令按钮实现数据的复制填充

操作步骤如下。

① 选定要填充区域的第一个单元格并输入要填充的初始值。

② 选定要填充数据的单元格区域，单击"开始"选项卡→"编辑"命令组→"填充"命令按钮，弹出"填充"按钮下拉列表框。

③ 在下拉列表中选择"向上""向下""向左"或"向右"等选项，则在选定单元格区域内实现相同数据的复制填充。

（3）使用"序列"对话框进行单元格的序列填充

操作步骤如下。

① 选定要填充区域的第一个单元格并输入序列中的初始值。

② 选定含有初始值的单元格区域，单击"开始"选项卡→"编辑"命令组→"填充"命令按钮。

③ 在弹出的"填充"下拉列表中选择"序列"选项，在打开的"序列"对话框中进行设置。

④ 单击"确定"按钮，即可实现序列填充。

3. 单元格的操作

（1）选定单元格或区域

通常有以下方法。

➢ 选定一个单元格：将鼠标指针指向要选定的单元格单击。

➢ 选定不连续的单元格：按住<Ctrl>键的同时单击需要选定的单元格。

➢ 选定一行：单击行号（将鼠标指针放在需要选定行单元格左侧的行号位置处单击）。

➢ 选定一列：单击列标（将鼠标指针放在需要选定列单元格顶端的列标位置处单击）。

➢ 选定多行：按<Ctrl>键的同时选定行号。

➢ 选定多列：按<Ctrl>键的同时选定列标。

➢ 选定整个表格：单击工作表左上角行号和列号的交叉按钮，即"全选"按钮。

➢ 选定一个矩形区域：按住鼠标左键拖动。

➢ 选定不相邻的矩形区域：按住<Ctrl>键，单击选定的单元格或拖动鼠标选定矩形区域。

（2）插入行、列与单元格

具体操作步骤如下。

① 选定要插入单元格、行或列的位置。

② 选择"开始"选项卡→"单元格"命令组。

③ 直接单击"插入"命令按钮，即可在当前位置插入单元格、行或列。如果单击"插入"命令下拉按钮，可以在弹出的下拉列表框中进行"插入单元格""插入工作表行""插入工作表列""插入工作表"等选项的选择。

④ 如果在下拉列表框中单击"插入工作表行"或"插入工作表列"选项，则在选定位置的上方或者左侧插入行或列。如果单击"插入单元格"选项，则弹出"插入"对话框。按需要选择插入单元格的位置，单击"确定"按钮即可。

（3）删除行、列与单元格

具体操作步骤如下。

① 选定要删除的单元格、行或列。

② 选择"开始"选项卡→"单元格"命令组，直接单击"删除"命令按钮，即可删除当前单元格、行或列。如果单击"删除"命令下拉按钮，会弹出"删除"按钮下拉列表框，进行"删除单元格""删除工作表行""删除工作表列""删除工作表"等选择。

③ 在下拉列表框中单击"删除工作表行"或"删除工作表列"选项，则删除选定行或列。如果单击"删除单元格"选项，则弹出"删除单元格"对话框。按需要选择删除单元格的位置，单击"确定"按钮即可。

（4）单元格内容的移动或复制

单元格内容的移动或复制通常有以下 3 种操作方法。

➢ 选定需要移动或复制内容的单元格，按下<Ctrl+X>组合键剪切，单击目标位置单元格，按下<Ctrl+V>组合键可实现单元格内容的移动。按下<Ctrl+C>组合键复制，单击目标位置单元格，按下<Ctrl+V>组合键可实现单元格内容的复制。

➢ 在需要移动或复制内容的单元格上单击鼠标右键，在弹出的快捷菜单中选择"剪切""复制""粘贴"命令可实现单元格内容的移动或复制。

➢ 选定需要移动或复制内容的单元格，在"开始"选项卡→"剪贴板"命令组中选择"剪切""复制""粘贴"命令可实现单元格内容的移动或复制。

还可以单击"剪贴板"命令组→"粘贴"按钮下方的下拉列表按钮，在展开的列表中单击"选择性粘贴"选项，弹出"选择性粘贴"对话框。根据需要选定相应的选项实现有选择的粘贴，单击"确定"按钮即可。

（5）清除单元格格式或内容

操作步骤如下。

① 选定需要清除其格式或内容的单元格或区域。

② 选择"开始"选项卡→"编辑"命令组。

③ 单击"清除"下拉按钮，可以在弹出的下拉列表框中进行"全部清除""清除格式""清除内容""清除批注""清除超链接"等选项的选择。

④ 在下拉列表框中单击"清除格式"或"清除内容"选项，则单元格或区域中格式或内容即被删除。

4. 工作表的操作

（1）选定工作表

通常有以下几种方法。

➢ 选定单张工作表：单击工作表的标签，被选定的工作表即成为当前活动工作表。

➢ 选择多张相邻的工作表：单击第一张工作表的标签，按住<Shift>键的同时单击最后一张工作表的标签。

➢ 选择多张不相邻的工作表：单击第一张工作表标签，按住<Ctrl>键的同时单击选择其他的工作表标签。

➢ 选定全部工作表：用鼠标右键单击任一工作表标签，在快捷菜单中选择"选定全部工作表"命令。

➢ 如果要对多张工作表取消选定，则单击工作簿中任意一张工作表标签即可。

（2）重命名工作表

双击工作表标签，输入新的名字即可。还可以用鼠标右键单击工作表标签，在弹出的快捷菜单中选择"重命名"命令，输入新工作表名称即可。

（3）移动或复制工作表

在同一工作簿内进行移动或复制工作表，可用鼠标拖动操作来实现。移动操作方法为：用鼠标拖动原工作表到目标工作表位置。复制操作方法为：按住<Ctrl>键，用鼠标拖动原工作表，当鼠标指针变成带加号的形状时，直接拖动到目标工作表的位置即可。

也可通过对话框操作来实现移动或复制工作表。操作步骤：选择要移动或复制的工作表，单击鼠标右键，在快捷菜单中选择"移动或复制"命令，在打开的"移动或复制工作表"对话框中进行设置。最后单击"确定"按钮即可。

（4）插入工作表

通常通过以下几种方法实现。

➢ 直接单击工作表标签右侧的"插入工作表"按钮，即可在所有工作表之后直接插入一张新工作表。

➢ 单击"开始"选项卡→"单元格"命令组→"插入"命令按钮，在出现的下拉列表中选择"插入工作表"命令，即可在选定工作表之前插入一个新工作表。

➢ 用鼠标指向工作表标签，单击鼠标右键，在弹出的快捷菜单中选择"插入"命令，打开"插入"对话框，从中选择"工作表"图标，单击"确定"按钮，就在选定工作表之前插入一个新工作表。

（5）删除工作表

通常通过以下几种方法实现。

> 单击"开始"选项卡→"单元格"命令组→"删除"命令按钮，在出现的下拉列表中选择"删除工作表"命令，即可删除选定的工作表。

> 用鼠标指向工作表标签，单击鼠标右键，在弹出的快捷菜单中选择"删除"命令，即可删除选定的工作表。

（6）拆分窗口

一个工作表窗口可以拆分为"两个窗口"或"四个窗口"。窗口拆分后，可同时浏览一个较大工作表的不同部分。拆分窗口通常使用以下方法。

> 将鼠标指针指向水平滚动条最右侧（或垂直滚动条最上端）的"拆分条"，当鼠标指针变成双箭头时，沿箭头方向拖动鼠标到适当的位置，放开鼠标即可；拖动分隔条，可以调整分隔后窗格的大小。

> 也可以单击"视图"选项卡→"窗口"命令组→"拆分"命令按钮，即一个窗口被拆分为两个或四个窗口。

如果要取消窗口的拆分，将拆分条拖回到原来的位置或单击"视图"选项卡→"窗口"命令组→"拆分"命令即可。

（7）冻结窗口

工作表的冻结是将工作表窗口的某一部位固定，使其不随滚动条移动，这样在查看大型表格中的内容时，采用"冻结"行或列的方法可以始终显示表的前几行或前几列，以方便查看。冻结窗口通常使用以下方法。

> 选定一个单元格，单击"视图"选项卡→"窗口"命令组→"冻结窗格"命令按钮，从下拉菜单中选择"冻结拆分窗格"选项，则从选定单元格的左上角位置被冻结。

> 如果只冻结首行或首列，单击"视图"选项卡→"窗口"命令组→"冻结窗格"命令按钮，从下拉菜单中选择"冻结首行"或"冻结首列"选项即可。

如果要取消冻结，单击"视图"选项卡→"窗口"命令组→"冻结窗格"命令按钮，从下拉菜单中选择"取消冻结窗格"命令即可。

4.4　工作表格式化

1. 设置单元格格式

（1）使用功能区命令按钮快速设置

具体的操作步骤如下。

① 选定要格式化的单元格或区域。

② 利用"开始"选项卡→"数字"（或者"字体"，或者"对齐方式"）命令组，直接使用功能区命令组中的相关命令按钮快速设置单元格格式。

（2）使用"设置单元格格式"对话框进行更具体的设置

具体的操作步骤如下。

① 选定要格式化的单元格或区域。

② 单击"开始"选项卡→"数字"（或者"对齐方式"，或者"字体"）命令组右下角的"对话框启动器"按钮，打开的"设置单元格格式"对话框中有"数字""对齐""字体""边框"

"填充"和"保护"等6个选项标签,利用这些选项标签,可设置单元格的格式。

③ 单击"确定"按钮即可。

2. 设置行高和列宽

（1）使用鼠标调整

将鼠标指向要改变行高和列宽的行号或列标的分隔线上,鼠标指针变成垂直双向箭头形状或水平双向箭头形状,按住鼠标左键并拖动鼠标,直至将行高和列宽调整到合适高度和宽度,释放鼠标即可。

（2）使用菜单调整

选定单元格区域,单击"开始"选项卡→"单元格"命令组→"格式"命令下拉按钮,在弹出的下拉列表框中选择"列宽""行高"选项,在打开的对话框中可实现设置行高值和列宽值。选择"自动调整列宽"或"自动调整行高"选项可实现自动调整表格行高和列宽的目的。

3. 设置条件格式

选定要格式化的单元格区域,执行"开始"选项卡→"样式"命令组,单击"条件格式"命令下拉按钮,弹出"条件格式"命令下拉列表框。通过对下拉菜单中各个选项的设置实现条件格式设置。

单击"突出显示单元格规则"选项:若在其打开的级联菜单中单击"小于"选项,则会弹出"小于"条件格式对话框,设置好条件和格式,单击"确定"按钮即可完成设置。

单击"新建规则"选项:在打开的"新建格式规则"对话框中单击"只为包含以下内容的单元格设置格式"选项,通过各个选项的设置,单击"确定"即可实现高级条件格式设置。

单击"管理规则"选项:打开"条件格式规则管理器"对话框,选中要更改的条件格式,单击"编辑规则"按钮,即可进行更改。如果要删除一个或多个条件,选择要删除的条件规则,单击"删除规则"按钮即可。

4. 使用单元格样式

选定要格式化的单元格区域,单击"开始"选项卡→"样式"命令组→"单元格样式"命令下拉按钮,在弹出的"单元格样式"下拉列表框中选择具体样式和进行选项设置。如果要应用普通数字样式,单击功能区上的"千位分隔样式""货币样式"或"百分比样式"按钮,选择需要的格式。

5. 套用表格格式

选定要格式化的单元格区域,单击"开始"选项卡→"样式"命令组→"套用表格格式"命令下拉按钮,在弹出的"套用表格格式"下拉列表框中选择要使用的格式,在打开的"套用表格式"对话框中进行"数据来源"和"表包含标题"的设置,单击"确定"按钮即可。

4.5 公式和函数

1. 自动计算

利用功能区中的自动求和命令实现自动计算,操作步骤如下。

① 选定存放计算结果的单元格（一般选中一行或一列数据末尾的单元格）。

② 单击"开始"选项卡→"编辑"命令组→"自动求和"命令按钮，或者单击"公式"选项卡→"函数库"命令组→"自动求和"命令按钮。

③ 将自动出现求和函数以及求和的数据区域。如果求和的区域不正确，可以用鼠标重新选取。如果是连续区域，可用鼠标拖动的方法选取区域，如果是对单个不连续的单元格求和，可用鼠标选取单个单元格后，从键盘键入"，"用于分隔选中的单元格引用，再继续选取其他单元格。

④ 确认参数无误后，按<Enter>键确定。

如果单击"自动求和"命令按钮右侧下拉按钮，则会弹出下拉列表。在下拉列表中可实现自动求和、平均值、计数、最大值和最小值等操作。如果需要进行其他计算，可以单击"其他函数"选项。

2. 公式的使用

选定存放结果的单元格，在单元格或者"编辑栏"中，输入以"="开始再由运算符和对象组成的公式，按<Enter>键或单击编辑栏中的确认按钮，即可在单元格中显示出计算结果，而编辑栏中显示的仍是该单元格中的公式。

如果需要对公式进行修改，可双击单元格直接在单元格中修改，或单击单元格在编辑栏中修改。

3. 函数的使用

通常采用"插入函数"对话框实现。具体操作步骤如下。

① 选定要输入函数的单元格。

② 单击"公式"选项卡→"函数库"命令组→"插入函数"，或者直接单击编辑栏左侧的"插入函数"按钮，打开"插入函数"对话框。

③ 在"选择类别"下拉列表中选择函数类别，在"选择函数"列表中单击所需的函数名，单击"确定"按钮，弹出"函数参数"对话框。

④ 如果选择单元格区域作为参数，则在参数框"Numberl"内输入选定区域，单击"确定"按钮。也可以单击参数框右侧的折叠对话框按钮"🔣"（隐藏"函数参数"对话框的下半部分），然后在工作表上选定区域，再单击展开对话框按钮（恢复显示"函数参数"对话框的全部内容），单击"确定"按钮即可。

4.6　图表的使用

1. 创建图表

创建图表的操作步骤如下。

① 选定要创建图表的数据区域（即创建图表的数据源）。

② 选择"插入"选项卡→"图表"命令组。

③ 单击"图表"命令组右下角的"对话框启动器"按钮，打开"插入图表"对话框。

④ 在对话框中选择要创建图表的一种图表样式，单击"确定"按钮即可。

2. 编辑和修改图表

编辑图表可以通过选择"图表工具-设计"选项卡下的相关命令组中的命令来完成，也可以选中图表后单击鼠标右键，利用弹出的快捷菜单来编辑和修改图表。

（1）修改图表类型

右键单击图表绘图区，在弹出的快捷菜单中选择"更改系列图表类型"命令，在打开的"更改图表类型"对话框中可以进行重新选择。也可以通过选择"图表工具-设计"选项卡→"类型"命令组→"更改图表类型"命令来完成。

（2）修改图表数据源

右键单击图表绘图区，在弹出的快捷菜单中选择"选择数据"命令，在弹出的"选择源数据"对话框中可以实现对图表引用数据的添加、编辑、删除等操作。也可以通过选择"图表工具-设计"选项卡→"数据"命令组→"选择数据"命令来完成。

进行图表数据删除时，如果要同时删除工作表和图表中的数据，只要删除工作表中的数据，图表将会自动更新。如果只想从图表中删除数据，可在图表上单击所要删除的图表系列，按<Delete>键即可完成。

（3）数据行/列之间快速切换

单击"图表工具—设计"选项卡→"数据"命令组→"切换行/列"命令，则可以在工作表行或从工作表列绘制图表中的数据系列之间进行快速切换。

（4）修改图表的放置位置

单击"图表工具—设计"选项卡→"位置"命令组→"移动图表"，打开"移动图表"对话框，在"选择放置图表的位置"时，可以选择"新工作表"，将图表重新创建于新建工作表中，也可以选择"对象位于"将图表直接嵌入到原工作表中。

3. 修饰图表

单击选中图表，选择"图表工具-布局"选项卡，功能区会出现"图表工具-布局"选项卡下的所有命令组。

在"图表工具-布局"选项卡→"标签"命令组中，可以对图表的图表标题、坐标轴标题、图例、数据标签和模拟运算表等进行设置。

在"图表工具-布局"选项卡→"插入"命令组中，可以为图表插入图片、形状、文本框等。

在"图表工具-格式"选项卡→"当前选择内容"命令组中，单击"图表区"框旁边的箭头，可以对图表的设置格式的图表元素进行选择。

在"图表工具-格式"选项卡→"形状样式"命令组中，可以对所选图表元素的形状样式进行设置，或者单击"形状填充""形状轮廓"或"形状效果"，然后选择需要的格式选项。

在"图表工具-格式"选项卡→"艺术字样式"命令组中，可以通过使用"艺术字"为所选图表元素中的文本设置格式，或者单击"文本轮廓"或"文本效果"，然后选择需要的格式选项。

4.7 数 据 处 理

1. 数据排序

（1）使用功能区命令按钮快速排序

操作步骤如下。

① 单击需要排序的数据表中的任意一个单元格。

② 单击"数据"选项卡→"排序和筛选"命令组中的升序按钮 ↑ 或降序按钮 ↓，则数据表中的记录就会按所选字段为排序关键字进行相应的排序操作。

（2）使用"排序"对话框排序

操作步骤如下。

① 单击需要排序的数据表中的任一单元格。

② 单击"数据"选项卡→"排序和筛选"命令组→"排序"命令按钮，在打开的"排序"对话框中进行设置。

③ 单击"确定"按钮即可。

2. 数据筛选

（1）自动筛选操作方法

单击数据表中的任一单元格，单击"数据"选项卡→"排序和筛选"命令组→"筛选"命令按钮。此时，在每个列标题的右侧出现一个下拉列表按钮。如果要取消筛选，单击"数据"选项卡→"排序和筛选"命令组→"筛选"命令按钮。

（2）自定义筛选

操作步骤如下。

① 在数据表自动筛选的条件下，单击某字段右侧下拉列表按钮，在下拉列表中单击"数字筛选"选项，并单击"自定义筛选"选项。

② 在弹出的"自定义自动筛选方式"对话框中设置筛选条件。

③ 单击"确定"按钮即可。

（3）高级筛选

高级筛选可以筛选出同时满足两个或两个以上条件的数据。

① 在工作表中设置条件区域。条件区域至少为两行，第一行为字段名，第二行以下为查找的条件。条件区域设置完成后，进行高级筛选。

② 单击数据表中的任一单元格，单击"数据"选项卡→"排序和筛选"命令组→"高级"按钮，在打开的"高级筛选"对话框中进行设置。

③ 单击"列表区域"文本框右侧的折叠对话框按钮，将对话框折叠，在工作表中选定数据表所在单元格区域，再单击展开对话框按钮，返回到"高级筛选"对话框。

④ 单击"条件区域"文本框右侧的折叠对话框按钮，将对话框折叠，在工作表中选定条件区域。再单击展开对话框按钮，返回到"高级筛选"对话框。

⑤ 在"方式"选项区域中选择"在原有区域显示筛选结果"或"将筛选结果复制到其他位置"。

⑥ 单击"确定"按钮完成筛选。

3. 数据分类汇总

具体操作步骤如下。

① 首先对分类字段进行排序，使分类字段值相同的记录集中在一起。

② 单击数据表中的任一单元格，单击"数据"选项卡→"分级显示"命令组→"分类汇总"按钮，在打开的"分类汇总"对话框中进行设置。

③ 设置完成后，单击"确定"按钮即可。

4. 数据合并计算

具体操作步骤如下。

① 准备好参加合并计算的工作表。

② 选中目标工作表中合并计算后数据存放的起始单元格。

③ 单击"数据"选项卡→"数据工具"命令组→"合并计算"命令按钮，在打开的"合并计算"对话框中进行设置。

④ 单击"确定"按钮，完成合并计算功能。

5. 建立数据透视表

利用"插入"选项卡→"表格"命令组→"数据透视表"命令可以完成数据透视表的建立。具体操作步骤如下。

① 单击要创建数据透视表的数据清单中任意一个单元格。

② 单击"插入"选项卡→"表格"命令组→"数据透视表"命令按钮，打开"数据透视表"对话框。

③ 在"请选择要分析的数据"栏中的"表/区域"文本框中输入或单击右侧的折叠对话框按钮后，使用鼠标选取引用位置。在"选择放置数据透视表的位置"栏中选择"新工作表"或"现有工作表"单选项，在"位置"文本框中输入数据透视表的存放位置。

④ 单击"确定"按钮，弹出"数据透视表字段列表"对话框，同时一个空的未完成数据透视表将添加到指定的位置，并显示数据透视表字段列表，可以开始添加字段、创建布局和自定义数据透视表。

⑤ 在"数据透视表字段列表"对话框中，选定数据透视表的列标签、行标签和需要处理的方式（单击"数据透视表字段列表"对话框右侧的"字段节和区域节层叠"按钮，可以改变"数据透视表字段列表"对话框的布局结构）。此时，在所选择放置数据透视表的位置处显示出完成的数据透视表。

选中数据透视表，单击鼠标右键，在弹出的快捷菜单中选择"数据透视表选项"，可打开"数据透视表选项"对话框，利用对话框的选项可以改变数据透视表的布局和格式、汇总和筛选以及显示方式等。

6. 工作表中的链接

建立超链接的具体操作步骤如下。

① 首先选定要建立超链接的单元格或单元格区域。

② 单击鼠标右键，在弹出的菜单中选择"超链接"命令，或者单击"插入"选项卡→"链接"命令组→"超链接"命令按钮，在打开的"编辑超链接"对话框中进行设置。

③ 单击"确定"按钮即完成。

4.8 页面设置与打印

1. 页面设置

利用"页面布局"选项卡→"页面设置"命令组中的命令进行设置。也可以单击"页面设置"

命令组右下角的"对话框启动器"按钮，在打开的"页面设置"对话框（默认打开"页面"标签）中进行页面的打印方向、缩放比例、纸张大小以及打印质量等的设置。

2. 设置页边距

利用"页面布局"选项卡→"页面设置"命令组→"页边距"命令按钮进行设置。也可以利用"页面设置"对话框的"页边距"标签设置页面中正文与页面边缘的距离，在"上""下""左""右"数值框中分别输入所需的页边距数值。

3. 设置页眉/页脚

利用"页面设置"对话框的"页眉/页脚"标签，可以在"页眉"或"页脚"的下拉列表框中选择内置的页眉格式和页脚格式。

如果要自定义页眉或页脚，可以单击"自定义页眉"或"自定义页脚"按钮，在打开的对话框中完成所需的设置。

如果要删除页眉或页脚，则选定要删除页眉或页脚的工作表，在"页眉"或"页脚"的下拉列表框中选择"无"，表示不使用页眉或页脚。

4. 设置工作表

利用"页面设置"对话框的"工作表"标签，进行工作表的设置。可以利用"打印区域"右侧的折叠对话框按钮选定打印区域；利用"打印标题"右侧的折叠对话框按钮选定行标题或列标题区域，为每页设置打印行或列标题；利用"打印"设置有无网格线、行号列标和批注等；利用"打印顺序"设置"先行后列"还是"先列后行"。

5. 预览与打印

在打印之前可使用打印预览快速查看打印页的效果。

利用单击"文件"选项卡→"打印"命令，可同时进入预览与打印窗口界面。右侧是打印预览区域，可以预览工作表的打印效果。左侧是打印设置区域，可以设置打印份数、选择打印机，设置打印工作表的打印范围、页数，还可以对纸张大小、方向、边距、缩放等进行设置，最后，单击"打印"按钮即可。

【实验及操作指导】

（实验 4　Excel 2010 的使用）☆

实验 4-1：*掌握 COUNTIF 函数和 SUMIF 函数的使用。掌握套用表格格式的使用。*

☆【实验素材】 C:\大学计算机信息技术-（实验素材）\EX4

【具体要求】

打开实验素材\EX4\EX4-1\Exzc1.xlsx，按下列要求完成对此工作簿的操作并保存。

① 将工作表 Sheet1 的 A1:D1 单元格合并为一个单元格，内容水平居中，设置标题字体格式为楷体、20 号、蓝色。

② 分别计算各部门的人数（利用 COUNTIF 函数）和平均年龄（利用 SUMIF 函数），置于 F4:F6 和 G4:G6 单元格区域。

③ 利用套用表格格式将 E3:G6 数据区域设置为"表样式浅色 17"。

④ 选取"部门"列（E3:E6）和"平均年龄"列（G3:G6）内容，建立"三维簇状条形图"，图表标题为"平均年龄统计图"，删除图例，将图插入到表的 A19:F35 单元格区域内。

⑤ 将工作表命名为"企业人员情况表"。

⑥ 保存文件"Exzc1.xlsx"。

【实验步骤】

双击打开实验素材\EX4\EX4-1\Exzc1.xlsx 电子表格。

① 单击 Sheet1 工作表的 A1 单元格，按住<Shift>键，鼠标单击 D1 单元格，单击"开始"选项卡→"对齐方式"命令组→"合并后居中"按钮。单击"开始"选项卡→"字体"命令组→"字体"下拉按钮，选择"楷体"，单击"字号"下拉按钮，选择"20"，单击"字体颜色"下拉按钮，选择"蓝色"。

② 单击 F4 单元格，单击编辑栏左侧的"插入函数"按钮，打开"插入函数"对话框，在"选择类别"下拉列表中选择"全部"，在"选择函数"列表中单击所需的函数名 COUNTIF（如图 4-2 所示），单击"确定"按钮，弹出"函数参数"对话框，单击"Range"参数框右侧的折叠对话框按钮，然后在工作表上选定区域"B3:B17"（在 3 和 17 前分别输入"$"，采用混合引用），再单击展开对话框按钮，恢复显示"函数参数"对话框的全部内容；单击"Criteria"参数框右侧的折叠对话框按钮，然后在工作表区域单击 E4 单元格，再单击展开对话框按钮，恢复显示"函数参数"对话框的全部内容，如图 4-3 所示。单击"确定"按钮即可在 F4 单元格得到计算结果。将鼠标移至 F4 右下角的填充柄上，当鼠标指针变为黑十字形状时，拖动填充柄到 F6，释放填充柄即可。

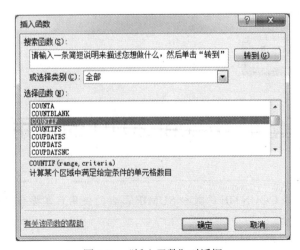

图 4-2 "插入函数"对话框

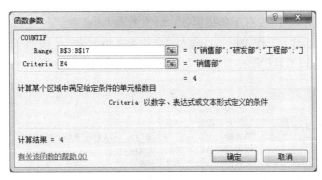

图 4-3　"函数参数"对话框- COUNTIF 函数

单击 G4 单元格，单击编辑栏左侧的"插入函数"按钮，打开"插入函数"对话框，在"选择函数"列表中单击所需的函数名 SUMIF，单击"确定"按钮，弹出"函数参数"对话框，单击"Range"参数框右侧的折叠对话框按钮，然后在工作表上选定区域"B3:B17"（在 3 和 17 前分别输入"$"，采用混合引用），再单击展开对话框按钮，恢复显示"函数参数"对话框的全部内容；单击"Criteria"参数框右侧的折叠对话框按钮，然后在工作表区域单击 E4 单元格，再单击展开对话框按钮，恢复显示"函数参数"对话框的全部内容；单击"Sum_range"参数框右侧的折叠对话框按钮，然后在工作表上选定区域"C3:C17"（同样在 3 和 17 前分别输入"$"，采用混合引用），如图 4-4 所示。单击"确定"按钮，在编辑栏公式的最后输入"/F4"，单击编辑栏左侧的"输入"按钮（或按回车键）即可在 G4 单元格得到计算结果。将鼠标移至 G4 右下角的填充柄上，当鼠标指针变为黑十字形状时，拖动填充柄到 G6，释放填充柄即可。

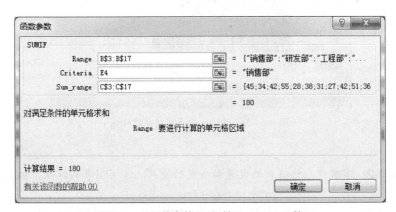

图 4-4　"函数参数"对话框- SUMIF 函数

③ 拖动鼠标选择"E3:G6"区域，单击"开始"选项卡→"样式"命令组→"套用表格样式"下拉按钮，选择"表样式浅色 17"，弹出"套用表格式"对话框（如图 4-5 所示），确认表数据的来源正确，按"确定"按钮即可。

④ 拖动鼠标选择"E3:E6"区域，按住<Ctrl>键，再次拖动鼠标选择"G3:G6"区域，单击"插入"选项卡→"图表"命令组→"条形图"下拉按钮，选择"三维簇状条形图"。单击图表绘图区中的标题，删除原有文字，输入"平均年龄统计图"。单击图例，按<Delete>键。鼠标移至图表边框上，出现四向箭头时，按住鼠标左键拖动，将图表的左上角移到 A19 单

图 4-5　"套用表格式"对话框

元格，松开鼠标。鼠标移至图表右下角边框处，调整图表大小，使其正好在 A19:F35 单元格区域。

⑤ 鼠标双击"Sheet1"工作表标签，输入"企业人员情况表"，按回车键即给工作表重命名。

⑥ 单击"快速访问工具栏"→"保存"按钮。完成后的样张如图 4-6 所示。

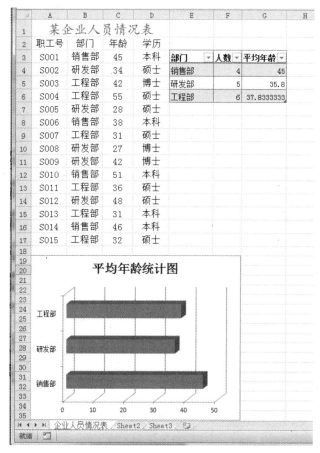

图 4-6　Exzc1.xlsx 电子表格完成样张

实验 4-2： 掌握单元格格式的设置和公式的使用。掌握图表的建立、编辑和修改以及修饰。

【具体要求】

打开实验素材\EX4\EX4-2\Exzc2.xlsx，按下列要求完成对此工作簿的操作并保存。

① 将工作表 Sheet1 的 A1:F1 单元格区域合并为一个单元格，内容水平居中，设置标题字体格式为楷体、20 号，行高为 30 磅。

② 计算"产值"列的内容（产值的日产量*单价）。计算口产量的总计和产值的总计，置于"总计"行的 B13 和 D13 单元格。

③ 计算"产量所占百分比"和"产值所占百分比"列的内容（百分比型，保留小数点后 1 位）。

④ 选取"产品型号""产量所占百分比"和"产值所占百分比"列（不含总计行）的内容，建立"簇状圆锥图"，图例置于底部，将图插入到表的 A15:F30 单元格区域内。

⑤ 将工作表命名为"日生产情况表"。

⑥ 保存文件"Exzc2.xlsx"。

【实验步骤】

双击打开实验素材\EX4\EX4-2\Exzc2.xlsx 电子表格。

① 单击 Sheet1 工作表的 A1 单元格，按住<Shift>键，鼠标单击 F1 单元格，单击"开始"选项卡→"对齐方式"命令组→"合并后居中"按钮。单击"开始"选项卡→"字体"命令组→"字体"下拉按钮，选择"楷体"，单击"字号"下拉按钮，选择"20"。单击"开始"→"单元格"命令组→"格式"下拉按钮，选择"行高"选项，打开"行高"对话框，输入 30，单击"确定"按钮。

② 单击 Sheet1 工作表的 D3 单元格，输入"="，鼠标单击 B3 单元格，输入"*"，鼠标单击 C3 单元格，按回车键。单击 D3 单元格，将鼠标移至 D3 单元格右下角的填充柄上，当鼠标指针变为黑十字形状时，拖动填充柄到 D12，释放填充柄。单击 B13 单元格，单击"开始"选项卡→"编辑"命令组→"自动求和"按钮，按回车键。单击 D13 单元格，单击"开始"选项卡→"编辑"命令组→"自动求和"按钮，按回车键。

③ 单击 E3 单元格，输入"="，鼠标单击 B3 单元格，输入"/"，鼠标单击 B13 单元格，在编辑栏公式中"B13"的"13"前面添加一个"$"，按回车键。单击 F3 单元格，输入"="，鼠标单击 D3 单元格，输入"/"，鼠标单击 D13 单元格，在编辑栏公式中"D13"的"13"前面添加一个"$"，按回车键。鼠标拖动选择 E3:F3 区域，单击"开始"选项卡→"数字"命令组→"百分比样式"按钮，单击"增加小数位数按钮"，保留小数点后 1 位。将鼠标移至 E3:F3 区域右下角的填充柄上，当鼠标指针变为黑十字形状时，拖动填充柄到第 12 行，释放填充柄。

④ 拖动鼠标选择"A2:A12"区域，按住<Ctrl>键，再次拖动鼠标选择"E2:F12"区域；单击"插入"选项卡→"图表"命令组→"图表"命令组右下角的"对话框启动器"按钮，打开"插入图表"对话框，如图 4-7 所示。在对话框中选择要创建图表的一种图表样式（如"簇状圆锥图"），单击"确定"按钮，创建图 4-8 所示的图表。单击图例，单击"图表工具-布局"选项卡→"标签"命令组→"图例"下拉按钮，选择"在底部显示图例"选项。鼠标移至图表边框上，出现四向箭头时，按住鼠标左键拖动，将图表的左上角移到 A15 单元格，松开鼠标。鼠标移至图表右下角边框处，调整图表大小，使其正好处于 A15:F30 单元格区域。

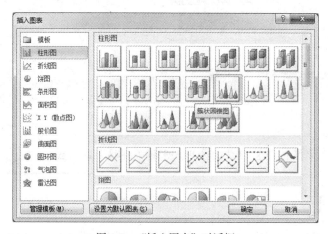

图 4-7 "插入图表"对话框

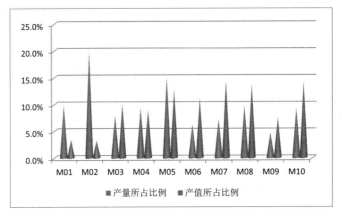

图 4-8 创建图表-"簇状圆锥图"

⑤ 鼠标双击"Sheet1"工作表标签，输入"日生产情况表"，按回车键。

⑥ 单击"快速访问工具栏"→"保存"按钮。完成后的样张如图 4-9 所示。

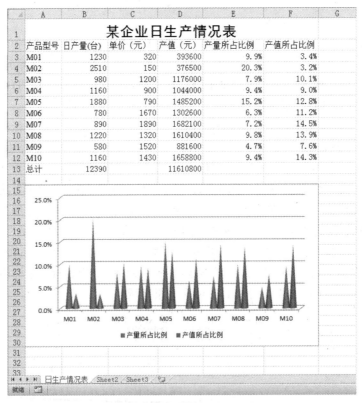

图 4-9 Exzc2.xlsx 电子表格完成样张

> **实验 4-3：**掌握 RANK 函数的使用。掌握条件格式的设置。

【具体要求】

打开实验素材\EX4\EX4-3\Exzc3.xlsx，按下列要求完成对此工作簿的操作并保存。

①　将工作表 Sheet1 的 A1:E1 单元格合并为一个单元格，内容水平居中，设置标题格式为微软雅黑，18 号。

②　计算"销售额"列的内容（数值型，保留小数点后 0 位），按销售额的降序次序计算"销售排名"列的内容（利用 RANK 函数）。

③　利用条件格式将 E3:E11 区域内排名前五位的字体颜色设置为绿色（请用"小于"规则）。

④　选取"产品型号"和"销售额"列内容，建立"三维簇状柱形图"，图表标题为"产品销售额统计图"，删除图例，将图插入到表的 A13:E28 单元格区域内。

⑤　将工作表命名为"产品销售统计表"。

⑥　保存文件"Exzc3.xlsx"。

【实验步骤】

双击打开实验素材\EX4\EX4-3\Exzc3.xlsx 电子表格。

①　单击 Sheet1 工作表的 A1 单元格，按住<Shift>键，鼠标单击 E1 单元格，单击"开始"选项卡→"对齐方式"命令组→"合并后居中"按钮。单击"开始"选项卡→"字体"命令组→"字体"下拉按钮，选择"微软雅黑"，单击"字号"下拉按钮，选择"18"。

②　单击 Sheet1 工作表的 D3 单元格，输入"="，单击 B3 单元格，输入"*"，单击 C3 单元格，按回车键。单击 D3 单元格，将鼠标移至 D3 单元格右下角的填充柄上，当鼠标指针变为黑十字形状时，拖动填充柄到 D11，释放填充柄。单击 E3 单元格，单击编辑栏左侧的"插入函数"按钮，打开"插入函数"对话框，在"选择类别"下拉列表中选择"全部"，在"选择函数"列表中单击所需的函数名 RANK，单击"确定"按钮，弹出"函数参数"对话框，单击"Number"参数框右侧的折叠对话框按钮，然后在工作表区域单击 D3 单元格，再单击展开对话框按钮，恢复显示"函数参数"对话框的全部内容；单击"Ref"参数框右侧的折叠对话框按钮，然后在工作表上选定区域"D3:D11"（在 3 和 11 前分别输入"$"，采用混合引用），再单击展开对话框按钮，恢复显示"函数参数"对话框的全部内容，如图 4-10 所示。单击"确定"按钮即可在 E3 单元格得到结果。将鼠标移至 E3 右下角的填充柄上，当鼠标指针变为黑十字形状时，拖动填充柄到 E11，释放填充柄即可。

图 4-10　"函数参数"对话框- RANK 函数

③　鼠标拖动选择 E3:E11 区域，单击"开始"选项卡→"样式"命令组→"条件格式"下拉按钮，单击"突出显示单元格规则"命令选项，单击"小于"命令选项，打开"小于"对话框（如图 4-11 所示），在左侧文本框中输入"6"，单击右侧的下拉按钮，选择"自定义格式"选项，打开"设置单元格格式"对话框（如图 4-12 所示）。单击"颜色"下方的下拉按钮，选择"绿色"，单击"确定"按钮。再单击"确定"按钮即可。

④ 拖动鼠标选择"A2:A11"区域，按住<Ctrl>键，再次拖动鼠标选择"D2:D11"区域，单击"插入"选项卡→"图表"命令组→"柱形图"下拉按钮，选择"三维簇状柱形图"。单击图表绘图区中的标题，删除原有文字，输入"产品销售额统计图"。单击图例，单击"图表工具-布局"选项卡→"标签"命令组→"图例"下拉按钮，选择"无"选项。鼠标移至图表边框上，出现四向箭头时，按住鼠标左键拖动，将图表的左上角移到 A13 单元格，松开鼠标。鼠标移至图表右下角边框处，调整图表大小，使其正好处于 A13:E28 单元格区域。

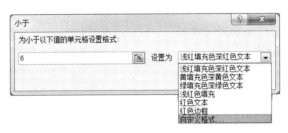

图 4-11   "小于"对话框

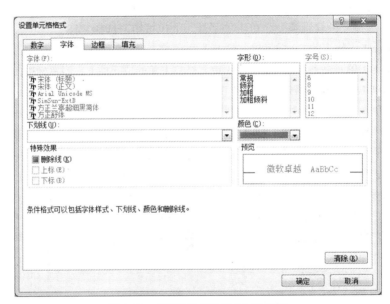

图 4-12   "设置单元格格式"对话框

⑤ 鼠标双击"Sheet1"工作表标签，输入"产品销售统计表"，按回车键。

⑥ 单击"快速访问工具栏"→"保存"按钮。完成后的样张如图 4-13 所示。

实验 4-4：掌握工作表内数据清单内容的复制、筛选、排序等操作。掌握数据透视表的建立。

【具体要求】

打开实验素材\EX4\EX4-4\Exzc4.xlsx，按下列要求完成对此工作簿的操作并保存。

① 复制工作表"图书销售情况表"，新的工作表命名为"图书销售透视表"。

② 对工作表"图书销售情况表"内数据清单的内容进行自动方式筛选，条件为各分部第一或

第四季度、社科类或少儿类图书。

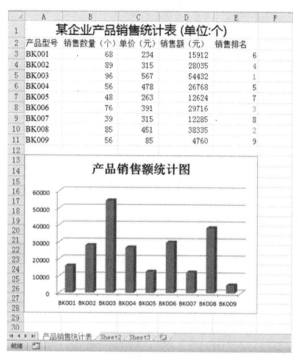

图 4-13　Exzc3.xlsx 电子表格完成样张

③ 对筛选后的数据清单按主要关键字"经销部门"的升序次序和次要关键字"销售额（元）"的降序次序进行排序。

④ 对工作表"图书销售透视表"内数据清单的内容建立数据透视表，行标签为"经销部门"，列标签为"图书类别"，求和项为"数量（册）"，并置于现工作表的 H2:L7 单元格。

⑤ 保存文件"Exzc4.xlsx"。

【实验步骤】

双击打开实验素材\EX4\EX4-4\Exzc4.xlsx 电子表格。

① 按住<Ctrl>键，用鼠标拖动"图书销售情况表"工作表标签，当鼠标指针变成带加号的形状时，直接拖动到目标工作表的位置松开鼠标。双击新工作表标签，输入"图书销售透视表"，按回车键。

② 鼠标单击工作表"图书销售情况表"内数据清单的任一单元格，单击"数据"选项卡→"排序和筛选"命令组→"筛选"命令按钮，此时在每个列标题的右侧出现一个下拉列表按钮。单击"季度"列右侧下拉列表按钮，取消"2""3"项目的选择，单击"确定"按钮。单击"图书类别"列右侧下拉列表按钮，取消"计算机类"项目的选择，单击"确定"按钮，如图 4-14 所示。

③ 单击需要排序的数据表中的任一单元格，单击"数据"选项卡→"排序和筛选"命令组→"排序"命令按钮，出现"排序"对话框。单击主要关键字下拉列表按钮，选择"经销部门"，设置排序次序为"升序"。单击"添加条件"按钮，单击次要关键字下拉列表按钮，选择"销售额（元）"，设置排序次序为"降序"。单击"确定"按钮。

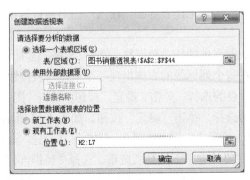

图 4-14　自动筛选

④ 单击"图书销售透视表"工作表标签，单击数据清单中任意一个单元格，单击"插入"选项卡→"表格"命令组→"数据透视表"命令按钮，打开"数据透视表"对话框（如图 4-15 所示）。单击"请选择要分析的数据"栏中的"表/区域"文本框中右侧的折叠对话框按钮，使用鼠标选取 A2:F44 区域。在"选择放置数据透视表的位置"栏中选择"现有工作表"单选项，在"位置"文本框中输入数据透视表的存放位置 H2:L7，单击"确定"按钮，弹出"数据透视表字段列表"对话框（如图 4-16 所示）。在"数据透视表字段列表"对话框中，拖动"经销部门"字段拉到"行标签"区域，拖动"图书类别"字段拉到"列标签"区域，拖动"数量（册）"字段拉到"数值"区域。在所选择放置数据透视表的区域 H2:L7 显示出完成的数据透视表。

图 4-15　"数据透视表"对话框　　　　图 4-16　"数据透视表字段列表"对话框

⑤ 单击"快速访问工具栏"→"保存"按钮。完成后的样张如图 4-17 和图 4-18 所示。

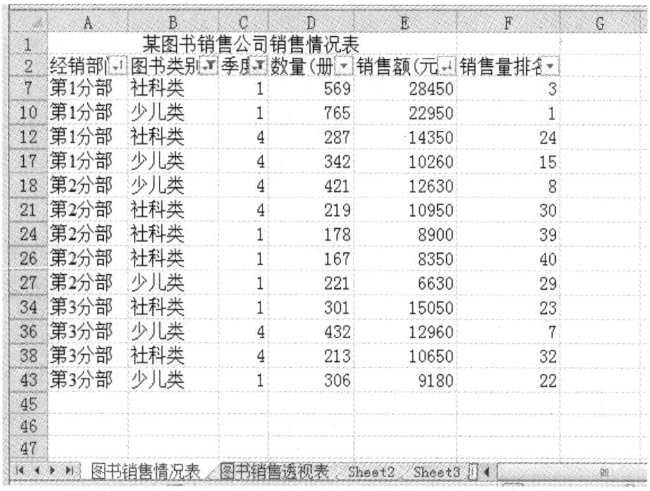

	A	B	C	D	E	F
1	某图书销售公司销售情况表					
2	经销部门	图书类别	季度	数量(册)	销售额(元)	销售量排名
7	第1分部	社科类	1	569	28450	3
10	第1分部	少儿类	1	765	22950	1
12	第1分部	社科类	4	287	14350	24
17	第1分部	少儿类	4	342	10260	15
18	第2分部	少儿类	4	421	12630	8
21	第2分部	社科类	4	219	10950	30
24	第2分部	社科类	1	178	8900	39
26	第2分部	社科类	1	167	8350	40
27	第2分部	少儿类	1	221	6630	29
34	第3分部	社科类	1	301	15050	23
36	第3分部	少儿类	4	432	12960	7
38	第3分部	社科类	4	213	10650	32
43	第3分部	少儿类	1	306	9180	22

图 4-17　Exzc4.xlsx 电子表格筛选和排序后样张

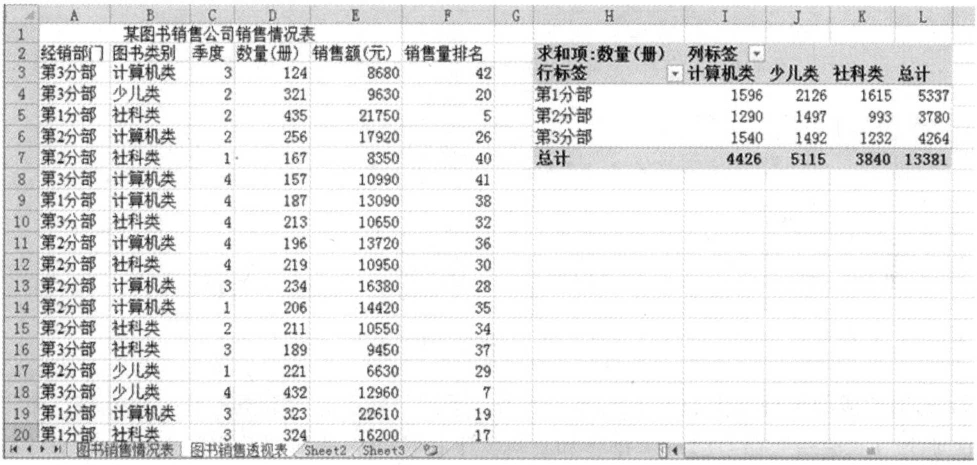

	A	B	C	D	E	F
1	某图书销售公司销售情况表					
2	经销部门	图书类别	季度	数量(册)	销售额(元)	销售量排名
3	第3分部	计算机类	3	124	8680	42
4	第3分部	少儿类	2	321	9630	20
5	第1分部	社科类	2	435	21750	5
6	第2分部	计算机类	2	256	17920	26
7	第2分部	社科类	1	167	8350	40
8	第3分部	计算机类	4	157	10990	41
9	第1分部	计算机类	4	187	13090	38
10	第3分部	社科类	4	213	10650	32
11	第2分部	计算机类	4	196	13720	36
12	第2分部	社科类	4	219	10950	30
13	第2分部	计算机类	3	234	16380	28
14	第2分部	计算机类	1	206	14420	35
15	第2分部	社科类	2	211	10550	34
16	第3分部	社科类	3	189	9450	37
17	第2分部	少儿类	1	221	6630	29
18	第3分部	少儿类	4	432	12960	7
19	第1分部	计算机类	3	323	22610	19
20	第1分部	社科类	3	324	16200	17

求和项:数量(册)	列标签			
行标签	计算机类	少儿类	社科类	总计
第1分部	1596	2126	1615	5337
第2分部	1290	1497	993	3780
第3分部	1540	1492	1232	4264
总计	4426	5115	3840	13381

图 4-18　Exzc4.xlsx 电子表格透视表完成样张

实验 4-5：掌握工作表内数据清单内容的排序和分类汇总操作。

【具体要求】

打开实验素材\EX4\EX4-5\Exzc5.xlsx，按下列要求完成对此工作簿的操作并保存。

① 复制工作表"'计算机动画技术'成绩单"，新的工作表命名为"成绩单分类汇总"。

② 对工作表"'计算机动画技术'成绩单"内数据清单的内容进行排序，条件是：主要关键字为"系别""升序"，次要关键字为"总成绩""降序"，次要关键字为"学号""升序"。

③ 设定总成绩数据的条件格式为"红-白-蓝色阶"。

④ 对工作表"成绩单分类汇总"内数据清单的内容进行分类汇总，分类字段为"系别"，汇总方式为"平均值"，汇总项为"考试成绩"，汇总结果显示在数据下方。

⑤ 保存文件"Exzc5.xlsx"。

【实验步骤】

双击打开实验素材\EX4\EX4-5\Exzc5.xlsx 电子表格。

① 按住<Ctrl>键，用鼠标拖动"'计算机动画技术'成绩单"工作表标签，当鼠标指针变成带加号的形状时，直接拖动到目标工作表的位置松开鼠标。双击新工作表标签，输入"成绩单分类汇总"，按回车键。

② 单击"'计算机动画技术'成绩单"工作表需要排序的任一单元格，单击"数据"选项卡→"排序和筛选"命令组→"排序"命令按钮，出现"排序"对话框。单击主要关键字下拉列表按钮，选择"系别"，设置排序次序为"升序"。单击"添加条件"按钮，单击次要关键字下拉列表按钮，选择"总成绩"，设置排序次序为"降序"。单击"添加条件"按钮，单击次要关键字下拉列表按钮，选择"学号"，设置排序次序为"升序"（如图 4-19 所示），单击"确定"按钮。弹出"排序提醒"对话框（如图 4-20 所示），单击"确定"按钮。

③ 鼠标拖动选择"总成绩"列数据 F2:F20 区域，单击"开始"选项卡→"样式"命令组→"条件格式"下拉按钮，在弹出的列表中，单击"色阶"，选择"红-白-蓝色阶"。

图 4-19   "排序"对话框

④ 单击"成绩单分类汇总"工作表，单击"系别"列下方含数据的任一单元格，单击"开始"选项卡→"编辑"命令组→"排序和筛选"下拉按钮，选择"升序"选项。单击"数据"选项卡→"分级显示"命令组→"分类汇总"按钮，弹出"分类汇总"对话框（如图 4-21 所示）。在"分类字段"下拉列表中选择"系别"；在"汇总方式"下拉列表中选择"平均值"；在"选定汇总项"列表框只选定"考试成绩"，选中"汇总结果显示在数据下方"复选框，单击"确定"按钮即可。

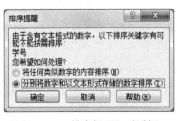

图 4-20   "排序提醒"对话框

图 4-21   "分类汇总"对话框

⑤ 单击"快速访问工具栏"→"保存"按钮。完成后的样张如图 4-22 和图 4-23 所示。

	A	B	C	D	E	F
1	系别	学号	姓名	考试成绩	实验成绩	总成绩
2	计算机	'992005	扬海东	90	19	109
3	计算机	'992032	王文辉	87	17	104
4	计算机	'992089	金翔	73	18	91
5	经济	'995034	郝心怡	86	17	103
6	经济	'995014	张平	80	18	98
7	经济	'995022	陈松	69	12	81
8	数学	'994034	姚林	89	15	104
9	数学	'994086	高晓东	78	15	93
10	数学	'994056	孙英	77	14	91
11	数学	'994027	黄红	68	20	88
12	信息	'991076	王力	91	15	106
13	信息	'991062	王春晓	78	17	95
14	信息	'991021	李新	74	16	90
15	信息	'991025	张雨涵	62	17	79
16	自动控制	'993053	李英	93	19	112
17	自动控制	'993082	黄立	85	20	105
18	自动控制	'993023	张磊	65	19	84
19	自动控制	'993026	钱民	66	18	84
20	自动控制	'993021	张在旭	60	14	74
21						
22						

"计算机动画技术"成绩单 ╲ 成绩单分类汇总 ╲ Sheet2 ╲ Sheet3

图 4-22　Exzc5.xlsx 电子表格排序和条件格式完成后样张

	A	B	C	D	E	F
1	系别	学号	姓名	考试成绩	实验成绩	总成绩
2	计算机	'992032	王文辉	87	17	104
3	计算机	'992089	金翔	73	18	91
4	计算机	'992005	扬海东	90	19	109
5	计算机 平均值			83.33333		
6	经济	'995034	郝心怡	86	17	103
7	经济	'995022	陈松	69	12	81
8	经济	'995014	张平	80	18	98
9	经济 平均值			78.33333		
10	数学	'994056	孙英	77	14	91
11	数学	'994034	姚林	89	15	104
12	数学	'994086	高晓东	78	15	93
13	数学	'994027	黄红	68	20	88
14	数学 平均值			78		
15	信息	'991021	李新	74	16	90
16	信息	'991076	王力	91	15	106
17	信息	'991062	王春晓	78	17	95
18	信息	'991025	张雨涵	62	17	79
19	信息 平均值			76.25		
20	自动控制	'993023	张磊	65	19	84
21	自动控制	'993021	张在旭	60	14	74
22	自动控制	'993082	黄立	85	20	105
23	自动控制	'993026	钱民	66	18	84
24	自动控制	'993053	李英	93	19	112
25	自动控制 平均值			73.8		
26	总计平均值			77.42105		
27						

"计算机动画技术"成绩单 ╲ 成绩单分类汇总 ╲ Sheet2 ╲ Sheet3

图 4-23　Exzc5.xlsx 电子表格分类汇总完成样张

 实验 4-6： 掌握工作表内数据清单内容的高级筛选操作。

【具体要求】

打开实验素材\EX4\EX4-6\Exzc6.xlsx，按下列要求完成对此工作簿的操作并保存。

① 复制工作表"产品销售情况表"，新的工作表命名为"产品销售情况筛选"。

② 对工作表"产品销售情况表"内数据清单的内容按主要关键字"产品名称"的降序次序和

次要关键字"分公司"的降序次序进行排序。

③ 对各产品销售额总和分类汇总，汇总结果显示在数据下方。

④ 对工作表"产品销售情况筛选"内的数据清单进行高级筛选，在数据清单前插入四行，条件区域设在 A1:G3 单元格区域，在对应字段列内输入条件，条件是：产品名称为"空调"或"电视"且销售额排名在前 20 名。

⑤ 保存文件"Exzc6.xlsx"。

【实验步骤】

双击打开实验素材\EX4\EX4-6\Exzc6.xlsx 电子表格。

① 按住<Ctrl>键，用鼠标拖动"产品销售情况表"工作表标签，当鼠标指针变成带加号的形状时，直接拖动到目标工作表的位置松开鼠标。双击新工作表标签，输入"产品销售情况筛选"，按回车键。

② 单击工作表"产品销售情况表"中需要排序的任一单元格，单击"数据"选项卡→"排序和筛选"命令组→"排序"命令按钮，出现"排序"对话框。单击主要关键字下拉列表按钮，选择"产品名称"，设置排序次序为"降序"。单击"添加条件"按钮，单击次要关键字下拉列表按钮，选择"分公司"，设置排序次序为"降序"。单击"确定"按钮。

③ 单击"数据"选项卡→"分级显示"命令组→"分类汇总"按钮，弹出"分类汇总"对话框。在"分类字段"下拉列表中选择"产品名称"；在"汇总方式"下拉列表中选择"求和"；在"选定汇总项"列表框只选定"销售额（万元）"，选中"汇总结果显示在数据下方"复选框，单击"确定"按钮。

④ 单击"产品销售情况筛选"工作表标签，鼠标移到行号位置，拖动鼠标选择连续的 1 至 4 行，右键单击，在弹出式菜单中选择"插入"命令。鼠标拖动选择 A5:G5 区域，单击"开始"选项卡→"剪贴板"命令组→"复制"命令按钮，单击 A1 单元格，按回车键。在 D2 和 D3 单元格中分别输入"空调""电视"，在 G2 和 G3 单元格均输入"<=20"（注意："<="都必须是英文状态下输入）。单击数据清单中的任一单元格，单击"数据"选项卡→"排序和筛选"命令组→"高级"按钮，出现了"高级筛选"对话框。在"方式"选项区域中选择"在原有区域显示筛选结果"。单击"列表区域"文本框右侧的折叠对话框按钮，在当前工作表中选定 A5:G41 区域，再单击展开对话框按钮。单击"条件区域"文本框右侧的折叠对话框按钮，在当前工作表中选定 A1:G3 区域，再单击展开对话框按钮（如图 4-24 所示）。单击"确定"按钮完成筛选。

图 4-24　"高级筛选"对话框

⑤ 单击"快速访问工具栏"→"保存"按钮。完成后的样张如图 4-25 和图 4-26 所示。

	季度	分公司	产品类别	产品名称	销售数量	销售额（万元）	销售额排名
1	季度	分公司	产品类别	产品名称	销售数量	销售额（万元）	销售额排名
2	1	西部2	K-1	空调	89	12.28	28
3	3	西部2	K-1	空调	84	11.59	30
4	2	西部2	K-1	空调	56	7.73	35
5	3	南部2	K-1	空调	86	30.44	6
6	2	南部2	K-1	空调	63	22.30	9
7	1	南部2	K-1	空调	54	19.12	13
8	2	东部2	K-1	空调	79	27.97	8
9	3	东部2	K-1	空调	45	15.93	22
10	1	东部2	K-1	空调	24	8.50	34
11	1	北部2	K-1	空调	89	12.28	28
12	3	北部2	K-1	空调	53	7.31	37
13	2	北部2	K-1	空调	37	5.11	38
14				空调 汇总		180.56	
15	3	西部1	D-1	电视	78	34.79	4
16	2	西部1	D-1	电视	42	18.73	14
17	1	西部1	D-1	电视	21	9.37	32
18	1	南部1	D-1	电视	64	17.60	19
19	3	南部1	D-1	电视	46	12.65	27
20	2	南部1	D-1	电视	27	7.43	36
21	1	东部1	D-1	电视	67	18.43	16
22	3	东部1	D-1	电视	66	18.15	18
23	2	东部1	D-1	电视	56	15.40	24
24	1	北部1	D-1	电视	86	38.36	3
25	2	北部1	D-1	电视	73	32.56	5
26	3	北部1	D-1	电视	64	28.54	7
27				电视 汇总		251.99	
28	2	西部3	D-2	电冰箱	69	22.15	10
29	1	西部3	D-2	电冰箱	58	18.62	15
30	3	西部3	D-2	电冰箱	57	18.30	17
31	1	南部3	D-2	电冰箱	89	20.83	11
32	3	南部3	D-2	电冰箱	75	17.55	20
33	2	南部3	D-2	电冰箱	45	10.53	31
34	1	东部3	D-2	电冰箱	86	20.12	12
35	2	东部3	D-2	电冰箱	65	15.21	25
36	3	东部3	D-2	电冰箱	39	9.13	33
37	3	北部3	D-2	电冰箱	54	17.33	21
38	2	北部3	D-2	电冰箱	48	15.41	23
39	1	北部3	D-2	电冰箱	43	13.80	26
40				电冰箱 汇总		198.98	
41				总计		631.53	

图 4-25　Exzc6.xlsx 电子表格分类汇总完成样张

	季度	分公司	产品类别	产品名称	销售数量	销售额（万元）	销售额排名
1	季度	分公司	产品类别	产品名称	销售数量	销售额（万元）	销售额排名
2				空调			<=20
3				电视			<=20
4							
5	季度	分公司	产品类别	产品名称	销售数量	销售额（万元）	销售额排名
10	1	北部1	D-1	电视	86	38.36	1
11	3	南部2	K-1	空调	86	30.44	4
13	2	东部2	K-1	空调	79	27.97	6
14	3	西部1	D-1	电视	78	34.79	2
16	2	北部1	D-1	电视	73	32.56	3
18	1	东部1	D-1	电视	67	18.43	14
19	3	东部1	D-1	电视	66	18.15	16
21	1	南部1	D-1	电视	64	17.60	17
22	3	北部1	D-1	电视	64	28.54	5
23	2	南部2	K-1	空调	63	22.30	7
28	1	南部2	K-1	空调	54	19.12	11
34	3	东部2	K-1	空调	45	15.93	20
36	2	西部1	D-1	电视	42	18.73	12

图 4-26　Exzc6.xlsx 电子表格高级筛选完成样张

第5章
演示文稿 PowerPoint 2010

【大纲要求重点】

- PowerPoint 2010 的功能、运行环境、启动和退出。
- 演示文稿和幻灯片的基本概念，演示文稿的创建、打开、关闭和保存。
- 演示文稿视图的使用，幻灯片基本操作（版式、插入、移动、复制和删除）。
- 幻灯片基本制作（文本、图片、艺术字、形状、表格、图表、超链接等插入及其格式化）。
- 演示文稿主题选用与幻灯片背景设置。
- 演示文稿放映设计（动画设计、放映方式、切换效果）。
- 演示文稿的打包和打印。

【知识要点】

5.1　PowerPoint 2010 基础

1. PowerPoint 2010 的启动

PowerPoint 2010 常用的启动方法有以下几种。
- 选择"开始"菜单→"所有程序"→"Microsoft Office"→"Microsoft Office PowerPoint 2010"命令。
- 如果在桌面上已经创建了 PowerPoint 2010 的快捷方式，则双击快捷方式图标。
- 双击"Windows 资源管理器"窗口中的 PowerPoint 演示文稿文件（其扩展名为.pptx），PowerPoint 2010 将会启动并且打开相应的文件。

2. PowerPoint 2010 的退出

PowerPoint 2010 常见的退出方法有以下几种。
- 单击标题栏上的"关闭"按钮⊠。

> ➢ 执行"文件"→"退出"命令。
> ➢ 双击标题栏左侧的控制菜单按钮。
> ➢ 在标题栏上单击鼠标右键，在弹出的快捷菜单中单击"关闭"命令。
> ➢ 按<Alt+F4>组合键。

3. 窗口的组成

PowerPoint 2010 应用程序窗口主要由标题栏、快速访问工具栏、选项卡、功能区、幻灯片编辑窗格、幻灯片/大纲浏览窗格、备注窗格、状态栏、视图切换按钮和显示比例滑块等部分组成，如图 5-1 所示。

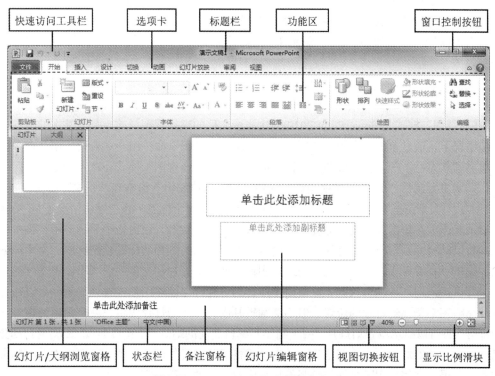

图 5-1　PowerPoint 2010 应用程序窗口

选项卡：位于标题栏的下面，通常包括"文件""开始""插入""设计""切换""动画""幻灯片放映""审阅""视图""加载项"等不同类型的选项卡。不同选项卡包含不同类别的命令按钮组。单击某选项卡，将在功能区出现与该选项卡类别相应的多组命令按钮供选择。

功能区：位于选项卡的下面，用于显示与选项卡对应的多个命令组，这些命令组中包含具体的命令按钮，每个按钮执行一项具体功能。

幻灯片编辑窗格：位于 PowerPoint 2010 工作界面的中间，是 PowerPoint 窗口的主要组成部分，用于制作和编辑当前的幻灯片。

幻灯片/大纲浏览窗格：位于幻灯片编辑区左侧，显示幻灯片文本的大纲或幻灯片的缩略图。单击该窗格右上角的"大纲"标签，可以输入幻灯片的标题，系统将根据这些标题自动生成相应的幻灯片；单击该窗格左上角的"幻灯片"标签，可以查看幻灯片的缩略图，通过缩略图可以快速地找到需要的幻灯片，也可以通过拖动缩略图来调整幻灯片的位置。

备注窗格：位于幻灯片编辑区下面，用于添加与幻灯片内容相关的注释内容，供演讲者演示文稿时参考所用。

视图切换按钮：位于窗口底部右侧，用于实现"普通视图""幻灯片浏览视图""阅读视图"和"幻灯片放映视图"等视图模式之间的相互切换。

5.2　演示文稿视图模式

PowerPoint 2010 根据不同的需要提供了多种视图模式来显示演示文稿的内容，主要包括"普通视图""幻灯片浏览视图""备注页视图""阅读视图"和"幻灯片放映视图"等。其中，"普通视图""幻灯片浏览视图"和"幻灯片放映视图"是 3 种最常用的视图模式。制作演示文稿使用"普通视图"，查看所有幻灯片使用"幻灯片浏览视图"，放映幻灯片使用"幻灯片放映视图"。

1.　普通视图

"普通视图"模式是 PowerPoint 2010 创建演示文稿的默认视图模式，是最基本的视图模式。在其他情况下，通过单击"视图"选项卡→"演示文稿视图"命令组→"普通视图"命令按钮，或者单击"状态栏"→"普通视图"按钮，即可进入"普通视图"模式。在"普通视图"下，窗口工作区域主要包括"幻灯片/大纲浏览"窗格、"幻灯片编辑"窗格和"备注"窗格。

"幻灯片/大纲浏览"窗格包含"大纲"和"幻灯片"两个标签（系统默认情况下是"幻灯片"标签显示状态），单击"大纲"标签时即可进入大纲编辑状态，该窗格中显示演示文稿中所有幻灯片的目录结构并列出所有幻灯片的文字内容，可对每张幻灯片的标题、副标题、文本部分进行输入、编辑、查看等操作，可以拖动幻灯片图标，调整幻灯片在文稿中的顺序；单击"幻灯片"标签时即可进入幻灯片编辑状态，该窗格中所有幻灯片都以缩略图形式排列显示，可以通过拖动幻灯片缩略图来调整幻灯片的位置，但不能编辑其内容。"幻灯片编辑"窗格是系统窗口的主要组成部分，只可以显示单张幻灯片，用于制作和编辑当前的幻灯片，可以通过"幻灯片/大纲浏览"窗格切换不同的幻灯片，在该窗格中对其编辑或格式化进行处理。"备注"窗格中有"单击此处添加备注"提示文字，用于添加与每张幻灯片内容相关的注释内容。

2.　幻灯片浏览视图

"幻灯片浏览视图"是以缩略图的方式显示演示文稿中的所有幻灯片的。通过单击"视图"选项卡→"演示文稿视图"命令组→"幻灯片浏览视图"命令按钮，或者单击"状态栏"→"幻灯片浏览视图"按钮，即可进入"幻灯片浏览视图"模式。在该视图中可以浏览演示文稿的整体效果，可以对幻灯片进行插入、删除、移动、复制、设置幻灯片的背景格式和配色方案、隐藏选定的幻灯片、统一幻灯片的母版样式等操作，还可以设置幻灯片的放映时间、选择幻灯片的动画切换方式等，但不能编辑具体的幻灯片。

3.　备注页视图

在 PowerPoint 2010 状态栏中没有"备注页视图"按钮，只有通过单击"视图"选项卡→"演示文稿视图"命令组→"备注页视图"命令按钮，才可进入"备注页视图"模式。在该视图中可以输入幻灯片的备注信息，一般是对幻灯片中的部分内容做注释，记载幻灯片创建的意义、日期或对与幻灯片相关的信息加以说明。也可以在普通视图的备注区域输入备注信息，此视图中不能对幻灯片中的对象进行编辑。

4. 阅读视图

"阅读视图"是一种可以自我观看文稿效果的放映方式，不使用全屏幻灯片放映。通过单击"视图"选项卡→"演示文稿视图"命令组→"阅读视图"命令按钮，或者单击"状态栏"→"阅读视图"按钮，即可进入"阅读视图"模式。在该视图中只保留幻灯片窗格、标题栏和状态栏，其他编辑功能被屏蔽，目的是幻灯片制作完成后的简单放映浏览。通常是从当前幻灯片开始放映，单击可以切换到下一张幻灯片，直到放映最后一张幻灯片后退出"阅读视图"。放映过程中随时可以按<Esc>键退出"阅读视图"，也可以单击"状态栏"→"其他视图"按钮，退出"阅读视图"并切换到相应视图。

5. 幻灯片放映视图

"幻灯片放映"视图显示的是演示文稿的放映效果，这是制作演示文稿的最终目的。如果单击"幻灯片放映"选项卡→"开始放映幻灯片"命令组→"从头开始"命令按钮（或者按<F5>键），即可进入"幻灯片放映视图"模式，无论当前幻灯片的位置在哪里，都将从第一张幻灯片开始播放。如果单击"幻灯片放映"选项卡→"开始放映幻灯片"命令组→"从当前幻灯片开始"命令按钮（或单击"状态栏"→"幻灯片放映"按钮），幻灯片就会从当前位置开始播放。

"幻灯片放映"视图是以全屏方式播放演示文稿中幻灯片的内容的，并可以看到各对象在实际放映中的动画、切换等效果。但是只能观看放映，不能对幻灯片进行修改。在播放的过程中，若要换页可以单击鼠标左键（或者按<Enter>键，或者按空格键）。若要退出"幻灯片放映"视图，单击鼠标右键，在弹出的快捷菜单中选择"结束放映"命令（或者按<Esc>键）。

5.3　演示文稿的创建、打开和保存

1. 创建演示文稿

PowerPoint 2010 新建文档通常有以下几种方法。

➤ 启动 PowerPoint 2010 后，系统会自动建立一个空的演示文稿，并以"演示文稿 1"命名演示文稿新文件。

➤ 执行"文件"→"新建"命令，窗口右侧即可出现"新建演示文稿"任务窗格。该任务窗格的各个标签中提供了多种不同的文档模板，在这些模板中存放着预先定义好的空白演示文稿。

➤ 单击"自定义快速访问工具栏"按钮，在弹出的下拉菜单中选择"新建"项，就可以通过单击快速访问工具栏中新添加的"新建"按钮创建空白演示文稿。

➤ 使用<Ctrl+N>组合键，即会直接建立一个空白演示文稿。

2. 打开演示文稿

下列几种方法都可以实现打开一个已经存在的演示文稿。

➢ 在"Windows 资源管理器"窗口中,双击要打开的文件。

➢ 在 PowerPoint 演示文稿窗口中,执行"文件"→"打开"命令,在弹出的"打开"对话框中找到要打开的文件,双击或者单击"打开"按钮。

➢ 单击"自定义快速访问工具栏"按钮,在弹出的下拉菜单中选择"打开"项,之后通过单击快速访问工具栏中新添加的"打开"按钮即可。

3. 保存演示文稿

下列几种方法都可以实现保存演示文稿。

➢ 执行"文件"→"保存"命令。

➢ 单击"快速访问工具栏"上的"保存"按钮。

➢ 按<Ctrl+S>组合键。

5.4　演示文稿的编辑制作

演示文稿一般由若干张幻灯片组成,编辑演示文稿就是对幻灯片及幻灯片中的元素对象进行插入、删除、移动、复制等编辑处理。可以在普通视图或幻灯片浏览视图中对幻灯片进行这些操作。

1. 编辑幻灯片

(1)输入文本

幻灯片上不能直接输入文本,在幻灯片中添加文字的方法有很多,最简单的输入方式如下。

➢ 在占位符中输入文本:占位符中虚线框显示"单击此处添加标题"和"单击此处添加副标题"的字样,将光标移至占位符中,单击即可输入文字。

➢ 使用文本框输入文本:单击"插入"选项卡→"文本"命令组→"文本框"命令,在幻灯片的适当位置绘制文本框(横排文本框/垂直文本框),在文本框的插入点处输入文本内容。

另外,涉及文本的操作还包括自选图形和艺术字中的文本。

(2)选定幻灯片

➢ 选定单张幻灯片:在"幻灯片/大纲"窗格或"幻灯片浏览视图"中单击幻灯片,可选定单张幻灯片。

➢ 选定多张连续的幻灯片:在"幻灯片/大纲"窗格或"幻灯片浏览视图"中,单击要选定的第一张幻灯片,按住<Shift>键,再单击要选定的最后一张幻灯片,则可选定多张连续的幻灯片。

➢ 选定多张不连续的幻灯片:在"幻灯片/大纲"窗格或"幻灯片浏览视图"中,单击要选定的第一张幻灯片,按住键盘上的<Ctrl>键,再依次单击其他要选定的幻灯片,则可选定多张不连续的幻灯片。

➢ 选定全部幻灯片：在"幻灯片/大纲"窗格或"幻灯片浏览视图"中，执行"开始"选项
  卡→"编辑"命令组→"选择"下拉菜单→"全选"命令，或者按下键盘上的<Ctrl+A>
  组合键，则可选定全部幻灯片。

（3）插入幻灯片

可以用以下几种方法来实现。

➢ 单击"开始"选项卡→"幻灯片"命令组→"新建幻灯片"命令按钮（或者选择下拉列表
  框中的某种版式）。

➢ 在"幻灯片/大纲"窗格或"幻灯片浏览视图"中，单击鼠标右键，在弹出的快捷菜单中
  选择"新建幻灯片"命令。

➢ 按<Ctrl+M>组合键。

（4）移动或复制幻灯片

通常有以下几种操作方法。

➢ 选定需要移动或复制的幻灯片，按住鼠标左键拖动到目标位置可实现幻灯片的移动。按住
  <Ctrl>键的同时按住鼠标左键拖动到目标位置，可实现幻灯片的复制。

➢ 选定需要移动或复制的幻灯片，按下<Ctrl+X>组合键剪切，进入目标位置，按下<Ctrl+V>
  组合键可实现幻灯片的移动。按下<Ctrl+C>组合键复制，进入目标位置，按下<Ctrl+V>
  组合键可实现幻灯片的复制。

➢ 在需要移动或复制的幻灯片上单击鼠标右键，在弹出的快捷菜单中选择"剪切""复制"
  "粘贴"命令来实现幻灯片的移动或复制。

➢ 选定需要移动或复制的幻灯片，在"开始"选项卡→"剪贴板"命令组中选择"剪切""复
  制""粘贴"命令来实现幻灯片的移动或复制。

（5）删除幻灯片

在"幻灯片浏览视图"或"幻灯片/大纲"窗格中选择要删除的幻灯片，按键盘上的<Delete>
键，或者执行快捷菜单中的"删除幻灯片"命令。若删除多张幻灯片，先选择这些幻灯片，然后
执行删除操作。

2. 插入图片、形状和艺术字

（1）插入剪贴画或图片

插入"剪贴画"操作步骤如下。

① 打开需要插入剪贴画的幻灯片。

② 单击"插入"选项卡→"图像"命令组→"剪贴画"命令按钮，打开"剪贴画"任务窗格。

③ 在任务窗格的"搜索"编辑框中，键入用于描述所需剪贴画的关键字。单击"结果类型"
右侧下拉按钮，在列表中选择或取消"插图""照片""视频"和"音频"的复选框，以搜索所
需媒体类型。

④ 单击"搜索"按钮。

⑤ 在结果列表中单击剪贴画，即可将剪贴画插入到幻灯片中。

插入来自文件的"图片"，具体操作步骤如下。

① 单击"插入"选项卡→"图像"命令组→"图片"命令按钮，打开"插入图片"对话框。

② 在"插入图片"对话框中，选择所需图片。

③ 单击"插入"按钮或双击图片文件名，即可将图片插入到幻灯片中。

（2）插入形状

插入形状有两个途径。

单击"插入"选项卡→"插图"命令组→"形状"命令按钮，或者单击"开始"选项卡→"绘图"命令组→"形状"列表右侧向下箭头"其他"按钮，会弹出形状下拉列表框。

（3）插入 Smart Art 图形

操作步骤如下。

① 单击"插入"选项卡→"插图"命令组→"Smart Art"命令按钮，系统会显示"选择 Smart Art 图形"对话框，其中包括列表、流程、循环、层次结构、关系、矩阵、棱锥图等。

② 在"选择 Smart Art 图形"对话框中选择所需图形，然后根据提示输入图形中所需的必要文字。

（4）插入图表

单击"插入"选项卡→"插图"命令组→"图表"命令按钮，系统会显示一个类似 Excel 编辑环境的界面，用户可以使用类似 Excel 中的操作方法编辑处理相关图表。

（5）插入艺术字

单击"插入"选项卡→"文本"命令组→"艺术字"命令按钮，会弹出艺术字样式列表。

在艺术字样式列表中选择一种艺术字样式（如："渐变填充-青绿，强调文字颜色 1"），出现指定样式的艺术字编辑框，其中将显示提示信息"请在此放置您的文字"。在艺术字编辑框中输入艺术字文字内容（如："全民健身 知识普及"），和普通文本一样，艺术字也可以改变字体和字号等。

3. 插入音频和视频

（1）插入音频

单击"插入"选项卡→"媒体"命令组→"音频"命令按钮的下拉箭头，系统会显示包含"文件中的音频""剪贴画音频""录制音频"等操作。例如，选择添加一个"剪贴画音频"，此时系统会打开"剪贴画"任务窗格，在该窗格中列出了剪辑库中所有的声音文件。单击"剪贴画"任务窗格中要插入的音频文件，系统会在幻灯片上出现一个"喇叭"图标，用户可以通过"音频工具"对插入的音频文件的播放、音量等进行设置。完成设置之后，该音频文件会按前面的设置，在放映幻灯片时播放。

（2）插入视频

单击"插入"选项卡→"媒体"命令组→"视频"命令按钮的下拉箭头，系统会显示包含"文件中的视频""来自网站的视频""剪贴画视频"等操作。例如，选择添加一个"文件中的视频"，此时系统会打开"插入视频文件"对话框，在用户选择了一个要插入的视频文件后，系统会在幻灯片上出现该视频文件的窗口，用户可以像编辑其他对象一样，改变它的大小和位置。用户可以通过"视频工具"对插入的视频文件的播放、音量等进行设置。完成设置之后，该视频文件会按前面的设置，在放映幻灯片时播放。

4. 插入表格

（1）使用内容区占位符创建表格

具体操作步骤如下。

① 单击内容区占位符中的"插入表格"图标，打开"插入表格"对话框。

② 在对话框中确定表格的行数和列数。

③ 单击"确定"按钮，即可创建指定行和列的表格。

（2）使用功能区命令快速生成表格

具体操作步骤如下。

① 打开要插入表格的幻灯片。

② 单击"插入"选项卡→"表格"命令组→"表格"命令按钮，弹出"表格"下拉列表框。

③ 在示意网格中拖动鼠标选择行数和列数，即可快速生成相应的表格。

（3）使用"插入表格"对话框创建表格

具体操作步骤如下。

① 打开要插入表格的幻灯片。

② 单击"插入"选项卡→"表格"命令组→"表格"命令按钮，弹出 "表格"下拉列表框。

③ 在下拉列表框中单击"插入表格"命令，打开 "插入表格"对话框。

④ 在对话框中确定表格的行数和列数。

⑤ 单击"确定"按钮，即可创建指定行和列的表格。

（4）使用绘制表格功能自定义绘制表格

具体操作步骤如下。

① 单击"插入"选项卡→"表格"命令组→"表格"命令按钮，弹出"插入表格"下拉列表框。

② 在下拉列表框中选择"绘制表格"项，鼠标指针呈现铅笔形状。

③ 在幻灯片上拖动鼠标左键手动绘制表格。注意，首次是绘制出表格的外围边框，之后可以绘制表格的内部框线。

5.5　演示文稿外观设置

1. 应用幻灯片版式

选择"开始"选项卡→"幻灯片"命令组→"版式"命令按钮，会弹出幻灯片版式的下拉列表框，在列表中选择所需的版式。也可以在幻灯片空白处单击鼠标右键，在弹出的快捷菜单中选择"版式"命令，同样会弹出幻灯片版式的下拉列表框，在列表中选择所需的版式。

2. 应用幻灯片主题

如果要对幻灯片应用主题样式，选择"设计"选项卡→"主题"命令组中提供的主题样式即可。如果需要更多的样式选项，可以选择功能区的"设计"选项卡→"主题"命令组右侧向下箭头"其他"按钮，在出现的下拉列表框中显示出了可供选择的所有主题样式。

如果只希望修饰演示文稿中的部分幻灯片，则选择这些幻灯片，然后右键单击某种主题样式，在下拉列表框中显示"应用于相应幻灯片""应用于所有幻灯片""应用于选定幻灯片"等主题设置命令，若选择"应用于选定幻灯片"命令，则选定的幻灯片采用该主题样式效果自动更新，其他幻灯片不变；若选择"应用于所有幻灯片"命令，则整个演示文稿均采用所选主题。

更改主题颜色：选择"设计"选项卡→"主题"命令组→"颜色"命令按钮，弹出下拉列表框，在下拉列表框中选择"新建主题颜色"命令，打开"新建主题颜色"对话框，根据需要设置主题颜色。

更改主题字体：选择"设计"选项卡→"主题"命令组→"字体"命令按钮，弹出下拉列表框，在下拉列表框中选择"新建主题字体"命令，打开"新建主题字体"对话框，根据需要设置主题字体。

更改主题效果：选择"设计"选项卡→"主题"命令组→"效果"命令按钮，在弹出的下拉菜单中根据需要设置主题效果。

3. 幻灯片背景的设置

幻灯片的"背景"是每张幻灯片底层的色彩和图案，在此之上可以放置其他的图片或对象。对幻灯片背景的调整，会改变幻灯片的视觉效果。

（1）更改背景样式

打开演示文稿，单击"设计"选项卡→"背景"命令组→"背景样式"命令，打开系统内置的所有 12 种背景样式。将鼠标移动到某一背景样式上，会显示该背景的样式编号并实时预览到相应的效果。从中选择一种背景样式，则系统会按所选背景的颜色、填充和外观效果修饰演示文稿。

若只希望改变部分幻灯片的背景，则选择这些幻灯片，然后右键单击某种背景样式，在出现的下拉列表框中显示"应用于所有幻灯片""应用于选定幻灯片"等背景设置命令，若选择"应用于选定幻灯片"命令，则选定的幻灯片采用该背景样式，而其他幻灯片不变；若选择"应用于所有幻灯片"命令，则整个演示文稿均采用所选背景。

（2）设置背景格式

设置背景格式可以通过以下方法实现：纯色填充、渐变填充、纹理填充、图片填充、图案填充等。

纯色填充，具体操作步骤如下。

① 打开演示文稿文件，单击"设计"选项卡→"背景"命令组→"背景样式"命令按钮；打开"设置背景格式"对话框，在"填充"选项中单击选中"纯色填充"单选按钮。

② 再单击"颜色"右侧下拉按钮，从展开的下拉列表框中选择幻灯片背景的颜色。

③ 单击"关闭"（或"全部应用"）按钮。

渐变填充，具体操作步骤如下。

① 打开演示文稿文件，单击"设计"选项卡→"背景"命令组→"背景样式"命令按钮；打开"设置背景格式"对话框，在"填充"选项中单击选中"渐变填充"单选按钮。

② 单击"预设颜色"右侧下拉按钮，在弹出的下拉列表框中选择幻灯片背景的预设渐变效果。

③ 单击"关闭"（或"全部应用"）按钮。

纹理填充，具体操作步骤如下。

① 打开演示文稿文件，单击"设计"选项卡→"背景"命令组→"背景样式"命令按钮；打开"设置背景格式"对话框，在"填充"选项中单击选中"图片或纹理填充"单选按钮。

② 若要采用纹理填充，单击"纹理"右侧下拉按钮，从展开的下拉列表框中选择内置的纹理。

③ 单击"关闭"（或"全部应用"）按钮。

图片填充，具体操作步骤如下。

① 打开演示文稿文件，单击"设计"选项卡→"背景"命令组→"背景样式"命令按钮；打开"设置背景格式"对话框，在"填充"选项卡中单击选中"图片或纹理填充"单选按钮。

② 若要采用图片填充，单击对话框中的"文件"按钮，打开"插入图片"对话框，从中选择图片文件（也可以选择剪贴画或剪贴板中的图片）即可。

③ 单击"关闭"（或"全部应用"）按钮。

图案填充，具体操作步骤如下。

① 打开演示文稿文件，单击"设计"选项卡→"背景"命令组→"背景样式"命令按钮；打开"设置背景格式"对话框，在"填充"选项中单击选中"图案填充"单选按钮。

② 在出现的图案样式列表中选择图案。也可以使用通过"前景色"和"背景色"自定义新的图案样式。

③ 单击"关闭"（或"全部应用"）按钮。

4. 使用母版

PowerPoint 2010 的母版包括幻灯片母版、讲义母版和备注母版。需要分别设计各种母版的所有格式，才能应用在相应版式的幻灯片中。

（1）幻灯片母版

幻灯片母版可以快速制作多张具有相同背景、字体、图案等的幻灯片。单击"视图"选项卡→"母版视图"命令组→"幻灯片母版"命令按钮，进入"幻灯片母版"窗口。系统自带的一个幻灯片母版中包括 11 个版式，每个版式都可编辑"标题样式""段落文本样式""日期和时间""幻灯片编号"等占位符的格式，还可以拖动占位符调整各对象的位置。幻灯片母版可以编辑母版的主题（包括主题中的颜色、字体、效果等），指定背景样式，还可以通过"插入"选项卡将对象（如剪贴画、图表、艺术字等）添加到幻灯片母版上。

（2）讲义母版

讲义母版将多张幻灯片显示在一页中，控制幻灯片以讲义形式打印的格式。单击"视图"选项卡→"母版视图"命令组→"讲义母版"命令按钮，进入"讲义母版"窗口。讲义母版可以设置页面、讲义方向、每页幻灯片数量、页码、页眉/页脚、日期、编辑主题等，也可以插入页眉和页脚，还可以在"打印"窗口中设置打印内容为讲义，并选择每页打印讲义幻灯片的数量。

（3）备注母版

备注母版主要用于设置备注的格式，可以使备注具有统一的外观。单击"视图"选项卡→"母版视图"命令组→"备注母版"命令按钮，进入"备注母版"窗口，可在此窗口设置输入备注内容的格式。

5.6　演示文稿动画设置与放映

1. 动画效果设置

（1）设置动画效果

如果要为对象设置动画效果，先选中对象，然后直接单击"动画"选项卡→"动画"命令组中提供的动画效果类型中的一种即可。如果单击功能区的"动画"选项卡→"动画"命令组右侧向下箭头"其他"按钮，在出现的下拉列表框中显示了系统为对象设置的 4 种类型的动画效果，分别用于对象的"进入""强调""退出""动作路径"等效果的动画设置。

如果需要更多的动画效果选项，可以选择"动画"选项卡→"动画"命令组的下拉列表框中的"更多进入效果""更多强调效果""更多退出效果"和"其他动作路径"等选项，分别在打开的"更改进入效果"对话框、"更改强调效果"对话框、"更改退出效果"对话框、"更改动作路径"对话框中进行选择设置。

（2）设置动画属性

幻灯片动画属性包括动画效果选项、动画开始方式、持续时间和声音效果等。设置动画属性方法如下。

单击功能区的"动画"选项卡→"动画"命令组右下角的"对话框启动器"按钮；或者单击"动画窗格"中动画对象列表项右侧下拉按钮，在弹出的下拉列表框中选择"效果选项"，均会打开动画效果选项对话框。在对话框中，"效果"标签下可以设置动画方向、形式和音效效果，"计时"标签下可以设置动画开始方式、动画持续时间（在"期间"栏设置）和动画延迟时间等。

（3）调整动画播放顺序

单击"动画"选项卡→"高级动画"命令组→"动画窗格"命令按钮，调出"动画窗格"。选择动画对象，并单击"动画窗格"底部"重新排序"两侧的"↑"或"↓"，即可改变该动画对象的播放顺序。

（4）预览动画效果

单击"动画"选项卡→"预览"命令组→"预览"命令按钮；或单击"动画窗格"上方的"播放"按钮，即可预览动画。

2. 切换效果设置

（1）设置幻灯片切换样式

如果要对演示文稿中的幻灯片应用切换效果，先选中需要设置切换方式的幻灯片（组）。然后单击"切换"选项卡→"切换到此幻灯片"命令组中提供的切换样式即可。

如果需要更多的切换样式选项，可以选择功能区的"切换"选项卡→"切换到此幻灯片"命令组右侧向下箭头"其他"按钮，在出现的下拉列表框中显示出了可供选择的所有幻灯片切换样式。系统提供了细微型（包括切出、淡出、推进、擦除、分割、随机线条、形状、揭开、覆盖等）和华丽型（包括溶解、棋盘、百叶窗、时钟）切换效果。

默认是设置当前的幻灯片的切换效果。如果要对所有幻灯片应用此切换效果，单击"切换"选项卡→"计时"命令组→"全部应用"命令按钮。

（2）设置切换属性

幻灯片切换属性包括切换效果选项、切换方式、持续时间和声音效果等。

设置幻灯片切换效果的操作方法如下。

单击"切换"选项卡→"切换到此幻灯片"命令组→"效果选项"命令按钮，在出现的下拉列表框中选择一种切换效果。

设置动画切换方式、声音和持续时间的操作方法如下。

单击"切换"选项卡→"计时"命令组右侧设置换片方式。勾选"单击鼠标时"左侧的复选框，表示单击鼠标时才切换幻灯片。勾选"设置自动换片时间"左侧的复选框，表示经过该时间段后自动切换到下一张幻灯片。

单击"切换"选项卡→"计时"命令组左侧设置换片声音、时间及应用范围。单击"声音"列表框的下拉按钮，在出现的下拉列表框中选择一种音效（如爆炸）。单击"持续时间"列表框输入切换持续时间。单击"全部应用"按钮，表示要对所有幻灯片应用此切换效果。

3. 幻灯片放映

（1）放映类型

放映类型有演讲者放映、观众自行浏览和在展台浏览。

（2）放映方式设置

操作步骤如下。

打开演示文稿文件，切换至"幻灯片放映"选项卡→"设置"命令组→"设置幻灯片放映"命令按钮，在打开的"设置放映方式"对话框中进行设置。单击"确定"按钮即可。

（3）幻灯片放映

启动幻灯片放映，通常有以下方法。

➢ 单击窗口右下角（视图切换按钮区）的"放映幻灯片"按钮，则从当前幻灯片开始放映。

➢ 选择"幻灯片放映"选项卡→"从头开始"（或者"从当前幻灯片开始"，或者"自定义幻灯片放映"）命令按钮。

➢ 按<F5>键。（按<F5>键则从幻灯片第一页开始放映，或者按下<Shift+F5>组合键从当前幻灯片开始放映）

控制幻灯片放映方式，通常有以下方法。

➢ 在幻灯片放映时，可以用鼠标和键盘来控制幻灯片放映（如翻页、定位等操作）。用<Space>键、<Enter>键、<PageDown>键、<→>键、<↓>键，可将幻灯片切换到下一页；用<BackSpace>键、<↑>键、<←>键将幻灯片切换到上一页。

➢ 通过单击鼠标右键，从打开的快捷放映控制菜单中选择相关命令。

退出幻灯片放映：可以按<Esc>键，或单击鼠标右键，从弹出的快捷放映控制菜单中单击"结束放映"命令。

4. 设置链接

在某张幻灯片中创建超链接有两种方法：使用"超链接"命令或"动作按钮"。

（1）编辑超链接

选择要创建超链接的文本或对象，单击"插入"选项卡→"链接"命令组→"超链接"命令按钮，在打开的"插入超链接"对话框中进行设置，单击"确定"按钮即可。

（2）编辑动作链接

单击"插入"选项卡→"插图"命令组→"形状"下拉列表框→"动作"按钮。其中不同的按钮形状可代表不同的超链接位置。选取需要的动作按钮，在幻灯片中单击或拖曳出该按钮图形，释放鼠标的同时，打开"动作设置"对话框。从中选择鼠标动作、超链接到的目标位置，或单击鼠标时要运行的程序播放的声音等，单击"确定"按钮。

也可对选定的文本或对象执行"插入"选项卡→"链接"命令组→"动作"命令按钮，同样能进入"动作设置"对话框进行设置。

（3）删除超链接

如果要删除超链接的关系，则可以在右键单击鼠标弹出式的快捷菜单中选择"取消超链接"；也可以选择"插入"选项卡→"链接"命令组→"超链接"命令按钮，系统会显示出"编辑超链接"对话框，单击"删除链接"按钮即可。

如果要删除整个超链接，请选定包含超链接的文本或图形，然后直接按<Delete>键，即可删除该超链接以及代表该超链接的文本或图形。

5.7 页面设置与打印

1. 页面设置

利用"设计"选项卡→"页面设置"命令组→"页面设置"命令按钮，弹出"页面设置"对话框，可以进行页面的幻灯片显示比例、纸张大小，幻灯片编号起始值、幻灯片与讲义的方向等的设置。

2. 预览与打印

在打印之前可使用打印预览快速查看打印页的效果。

利用单击"文件"选项卡→"打印"命令，可同时进入预览与打印窗口界面。右侧是打印预览区域，可以预览幻灯片的打印效果。左侧是打印设置区域，可以设置选择打印机属性，设置打印幻灯片范围、整页中幻灯片数量、打印颜色、打印份数等选项。最后，单击"打印"按钮即可。

【实验及操作指导】

（实验 5 PowerPoint 2010 的使用）☆

实验 5-1：掌握幻灯片的版式使用。掌握插入图片、超链接、动作按钮等动作的操作。掌握演示文稿动画设计和切换效果。

【具体要求】

打开实验素材\EX5\EX5-1\Ppzc1.pptx，按下列要求完成对此演示文稿的操作并保存。

① 设置第 1 张幻灯片标题"供水的生产与需求"的字体格式为黑体、48 号、加粗。

② 将第 2 张幻灯片的版式改为"两栏内容"，在该幻灯片右部插入图片"自来水.jpg"并设置其尺寸为高度 8cm、宽度 6cm。

③ 在第 2 张幻灯片中，为目录文字"水资源概况""城市供水行业""城市供水能力""用水需求情况"创建超链接，分别链接到相应标题的幻灯片。

④ 在第 4 张幻灯片右下角插入一个"上一张"动作按钮，单击该按钮返回上一张幻灯片。

⑤ 设置第 3 张幻灯片文字"水资源概况"的动画效果为从顶部飞入，按字/词方式引入文本。

☆【实验素材】 C:\大学计算机信息技术-（实验素材）\EX5

⑥ 为所有幻灯片应用素材文件夹中的设计模板 "moban1.pot"。

⑦ 设置所有幻灯片切换效果为自左侧棋盘、持续时间为 2 秒、单击鼠标换页、伴有照像机声音。

⑧ 保存文件 "Ppzc1.pptx"。

【实验步骤】

双击打开实验素材\EX5\EX5-1\Ppzc1.pptx 演示文稿。

① 在 "幻灯片/大纲" 窗格中单击第 1 张幻灯片，选中 "供水的生产与需求"，单击 "开始" 选项卡→ "字体" 命令组→ "字体" 下拉按钮，在弹出的下拉列表中选择 "黑体"，单击 "字号" 下拉按钮，在弹出的下拉列表中选择 "48"，单击 "加粗" 按钮。

② 在 "幻灯片/大纲" 窗格中单击第 2 张幻灯片，选择 "开始" 选项卡→ "幻灯片" 命令组→ "版式" 命令按钮，会弹出幻灯片版式的下拉列表框（如图 5-2 所示），在列表中选择 "两栏内容" 版式。（也可以在第 2 张幻灯片空白处单击鼠标右键，在弹出的快捷菜单中选择 "版式" 命令，同样会弹出幻灯片版式的下拉列表框，在列表中选择所需的版式）

在 "幻灯片/大纲" 窗格中单击第 2 张幻灯片，单击幻灯片右部占位符中的 "插入来自文件的图片" 按钮，打开 "插入图片" 对话框。定位到 "实验素材\EX5\EX5-1" 文件夹，选择 "自来水.jpg"，单击 "插入" 按钮。选中图片，选择 "图片工具-格式" 选项卡→ "大小" 命令组右下角的 "对话框启动器" 按钮，打开 "设置图片格式" 对话框（如图 5-3 所示）。在 "缩放比例" 区域中，取消选择 "锁定纵横比"，设定其 "高度" 和 "宽度" 分别为 8cm 和 6cm，单击 "关闭" 按钮。

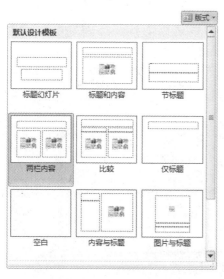

图 5-2　幻灯片版式

图 5-3　"设置图片格式" 对话框

③ 在 "幻灯片/大纲" 窗格中单击第 2 张幻灯片，选中 "水资源概况" 文本，单击 "插入" 选项卡→ "链接" 命令组→ "超链接" 命令按钮，打开 "插入超链接" 对话框。单击左边 "链接到" 列表中 "本文档中的位置" 按钮，在右侧列出本演示文稿的所有幻灯片中选择 "水资源概况" 幻灯片，单击 "确定" 按钮。采用同样的方法，为 "城市供水行业" "城市供水能力" "用水需求情况" 创建超链接，分别链接到相应标题的幻灯片。

④ 在"幻灯片/大纲"窗格中单击第 4 张幻灯片,单击"插入"选项卡→"插图"命令组→"形状"命令按钮,或者单击"开始"选项卡→"绘图"命令组→"形状"列表右侧向下箭头"其他"按钮,会弹出形状下拉列表框。在"动作按钮"区域选择"上一张"动作按钮,鼠标移到第 4 张幻灯片的右下角位置,按住鼠标左键拖动到适当位置松开,弹出"动作设置"对话框,单击"超链接到"下方的下拉列表,选择"幻灯片",打开"超链接到幻灯片"对话框,在"幻灯片标题"列表中,单击"3.水资源概况",单击"确定"按钮。单击"确定"按钮。

⑤ 在"幻灯片/大纲"窗格中单击第 3 张幻灯片,选择"水资源概况"文本,在"动画"选项卡→"动画"命令组中,单击动画样式列表右侧向下箭头"其他"按钮,出现各种动画效果的下拉列表框(如图 5-4 所示)。在"进入"效果类中选择"飞入"动画样式,单击"动画"选项卡→"动画"命令组右下角的"对话框启动器"按钮,打开"飞入"效果选项对话框(如图 5-5 所示),单击"方向"右侧的下拉按钮,选择"自顶部"选项,单击"动画文本"右侧的下拉按钮,选择"按字/词",单击"确定"按钮。

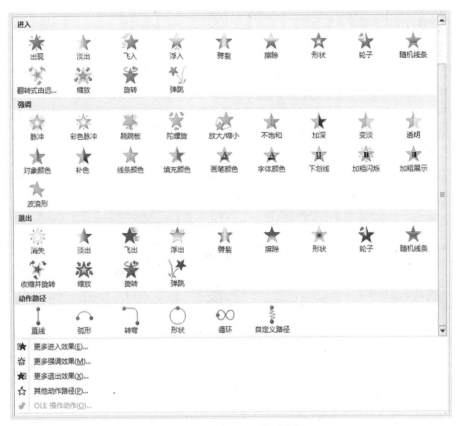

图 5-4　动画效果的下拉列表框

⑥ 单击"设计"选项卡→"主题"命令组,单击样式列表右侧向下箭头"其他"按钮,在弹出的下拉列表中选择"浏览主题"选项,打开"浏览主题或主题文档"对话框,定位到"实验素材\EX5\EX5-1"文件夹,选择"moban1.pot"文件,单击"应用"按钮。

⑦ 在"切换"选项卡→"切换到此幻灯片"命令组中,单击切换样式列表右侧向下箭头"其他"按钮,出现各种切换效果的下拉列表框,在切换效果列表中选择"棋盘"样式(如图 5-6 所示)。在"切换到此幻灯片"命令组中单击"效果选项"命令按钮,选择"自左侧"选项。

图 5-5　"飞入"效果选项对话框

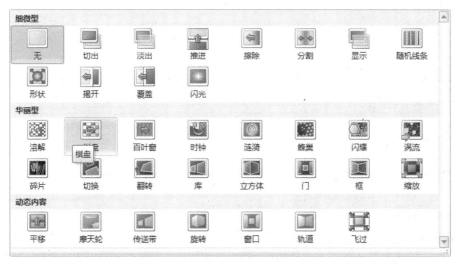

图 5-6　幻灯片切换样式列表

在"切换"选项卡→"计时"命令组中（如图 5-7 所示），单击"持续时间"列表框输入切换持续时间"02.00"，单击"声音"列表框的下拉按钮，在出现的下拉列表框中选择音效"照相机"，勾选"单击鼠标时"左侧的复选框表示单击鼠标时才切换幻灯片，单击"全部应用"命令按钮。

图 5-7　幻灯片切换效果

⑧ 单击"快速访问工具栏"→"保存"按钮。完成后的样张如图 5-8 所示。

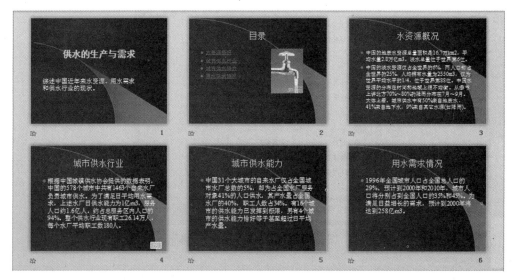

图 5-8　　Ppzc1.pptx 演示文稿完成样张

实验 5-2：掌握演示文稿的主题选用。掌握演示文稿切换效果和放映方式设置。掌握表格的插入与格式设置。

【具体要求】

打开实验素材\EX5\EX5-2\Ppzc2.pptx，按下列要求完成对此演示文稿的操作并保存。

① 使用"模块"主题修饰所有幻灯片。

② 全部幻灯片切换效果为"库"，效果选项为"自左侧"。

③ 设置放映方式为"观众自行浏览"。

④ 在第 1 张幻灯片之前插入版式为"空白"的新幻灯片，插入 5 行 2 列的表格。表格样式为"中度样式 4"。第 1 列的第 1～5 行依次录入"方针""稳粮""增收""强基础"和"重民生"。第 2 列的第一行录入"内容"，将第 2 张幻灯片的文本第 1～4 段依次复制到表格的第 2 列的第 2～5 行。

⑤ 将第 7 张幻灯片移到第 1 张幻灯片前。

⑥ 删除第 3 张幻灯片。

⑦ 第 1 张幻灯片的主标题和副标题的动画均设置为"翻转式由远及近"。动画顺序为先副标题后主标题。

⑧ 保存文件"Ppzc2.pptx"。

【实验步骤】

双击打开实验素材\EX5\EX5-2\Ppzc2.pptx 演示文稿。

① 单击"设计"选项卡→"主题"命令组右侧向下箭头"其他"按钮，在出现的下拉列表框中显示出了可供选择的所有主题样式，如图 5-9 所示。右键单击其中的"模块"样式，在弹出的快捷菜单中选择"应用于所有幻灯片"命令选项。

图 5-9 "所有主题"下拉列表框

② 在"切换"选项卡→"切换到此幻灯片"命令组中,单击切换样式列表右侧向下箭头"其他"按钮,出现各种切换效果的下拉列表框,选择"库",单击"效果选项"下拉按钮,选择"自左侧"。单击"切换"选项卡→"计时"命令组→"全部应用"命令按钮。

③ 单击"幻灯片放映"选项卡→"设置"命令组→"设置幻灯片放映"命令按钮,打开"设置放映方式"对话框,如图 5-10 所示,在"放映类型"选项区中,选择"观众自行浏览(窗口)",单击"确定"按钮。

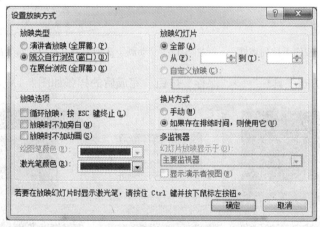

图 5-10 "设置放映方式"对话框

④ 在"幻灯片/大纲"窗格中第 1 张幻灯片上面单击,单击"开始"选项卡→"幻灯片"命令组→"新建幻灯片"下拉命令按钮,在下拉列表框中,选择"空白"版式。单击"插入"选项卡→"表格"命令组→"表格"命令按钮,弹出"表格"下拉列表框,在示意网格中拖动鼠标选择 5 行 2 列,如图 5-11 所示,快速生成表格。

选择"表格工具-设计"选项卡→"表格样式"命令组,单击样式列表右侧向下箭头"其他"

按钮，选择"中度样式4"。在表格第1行的两个单元格分别输入"方针""内容"。单击"幻灯片/大纲"窗格中第2张幻灯片，单击"开始"选项卡→"剪贴板"命令组右下角的"对话框启动器"按钮，打开"剪贴板"窗格。选中第2张幻灯片标题中的"稳粮"，按<Ctrl+C>快捷键。同样方法，对"增收""强基础""重民生"以及文本第1至4段，分别进行选中和按<Ctrl+C>快捷键。单击"幻灯片/大纲"窗格中第1张幻灯片，将插入点定位到表格第2行第1列中，然后用鼠标单击"剪贴板"窗格中对应的内容。移动插入点，快速完成所需内容的粘贴。

⑤ 在"幻灯片/大纲"窗格中单击选中第7张幻灯片，直接按住鼠标左键拖动到第1张幻灯片前。

⑥ 在"幻灯片/大纲"窗格中单击选中第3张幻灯片，按<Delete>键。

⑦ 单击"幻灯片/大纲"窗格中第1张幻灯片，单击选择主标题，单击"动画"选项卡→"动画"命令组，单击动画样式列表右侧向下箭头"其他"按钮，选择"翻转式由远及近"。用同样方法完成对副标题的动画设置。单击"动画"选项卡→"高级动画"命令组→"动画窗格"命令按钮，调出"动画窗格"（如图5-12所示）。选中动画，单击底部"重新排序"两侧的按钮，使动画顺序为先副标题后主标题。

图5-11　"表格"按钮下拉列表框　　图5-12　"动画"选项卡→"高级动画"命令组→"动画窗格"

⑧ 单击"快速访问工具栏"→"保存"按钮。完成后的样张如图5-13所示。

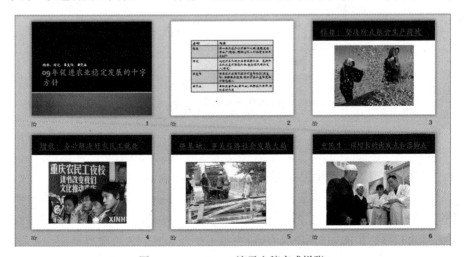

图5-13　Ppzc2.pptx演示文稿完成样张

实验 5-3：掌握幻灯片纹理设置、创建超级链接、插入音频、备注等操作。

【具体要求】

打开实验素材\EX5\EX5-3\Ppzc3.pptx，按下列要求完成对此演示文稿的操作并保存。

① 使用"市镇"主题修饰全文。

② 全部幻灯片切换效果为"传送带"，效果选项为"自左侧"。

③ 设置第 1 张幻灯片标题"有关水的国家法规"的字体格式为微软雅黑、48 号、加粗。

④ 为第 2 张幻灯片设置"羊皮纸"纹理，为目录文字"《中华人民共和国水污染防治法》""《城市供水条例》""《城市节约用水管理规定》"创建超链接，分别链接到同名标题的幻灯片。

⑤ 在第 2 张幻灯片中插入声音文件"Music.mid"，要求跨幻灯片播放、播放时隐藏、循环播放。

⑥ 为第 3 张幻灯片插入备注"新《中华人民共和国水法》于 2016 年 7 月修订"。

⑦ 设置第 1 张幻灯片的标题文字的动画效果为"弹跳"，按字/词方式引入文本，设置与上一动画同时开始。

⑧ 保存文件"Ppzc3.pptx"。

【实验步骤】

双击打开实验素材\EX5\EX5-3\Ppzc3.pptx 演示文稿。

① 单击"设计"选项卡→"主题"命令组，单击样式列表右侧向下箭头"其他"按钮，在弹出的下拉列表中，右键单击"市镇"，选择"应用于所有幻灯片"命令选项。

② 在"切换"选项卡→"切换到此幻灯片"命令组中，单击切换样式列表右侧向下箭头"其他"按钮，出现各种切换效果的下拉列表框，选择"传送带"，单击"效果选项"下拉按钮，选择"自左侧"。单击"切换"选项卡→"计时"命令组→"全部应用"命令按钮。

③ 在"幻灯片/大纲"窗格中单击第 1 张幻灯片，选中"有关水的国家法规"，单击"开始"选项卡→"字体"命令组→"字体"下拉按钮，在弹出的下拉列表中选择"微软雅黑"，单击"字号"下拉按钮，在弹出的下拉列表中选择"48"，单击"加粗"按钮。

④ 在"幻灯片/大纲"窗格中右键单击第 2 张幻灯片，在弹出的快捷菜单中单击"设置背景格式"命令，打开"设置背景格式"对话框，选择"图片或纹理填充"，单击"纹理"后的下拉按钮，在弹出的列表中单击"羊皮纸"，如图 5-14 所示，单击"关闭"按钮。

选中"《中华人民共和国水污染防治法》"文本，单击"插入"选项卡→"链接"命令组→"超链接"命令按钮，打开"插入超链接"对话框。单击左边"链接到"列表中的"本文档中的位置"按钮（如图 5-15 所示），在右侧列出本演示文稿的所有幻灯片中选择"《中华人民共和国水污染防治法》"幻灯片，单击"确定"按钮。采用同样的方法，为"《城市供水条例》""《城市节约用水管理规定》"创建超链接，分别链接到相应标题的幻灯片。

⑤ 在"幻灯片/大纲"窗格中单击第 2 张幻灯片，单击"插入"选项卡→"媒体"命令组→"音频"命令按钮的下拉箭头，在弹出的下拉列表框（如图 5-16 所示）中选择"文件中的音频"选项，打开"插入音频"对话框，定位到"实验素材\EX5\EX5-3"文件夹，选择"Music.mid"文

件，单击"插入"按钮。单击"音频工具-播放"选项卡→"音频选项"命令组→"开始"右侧的下拉按钮，选择"跨幻灯片播放"选项，选中"放映时隐藏"和"循环播放，直到停止"复选框，如图 5-17 所示。

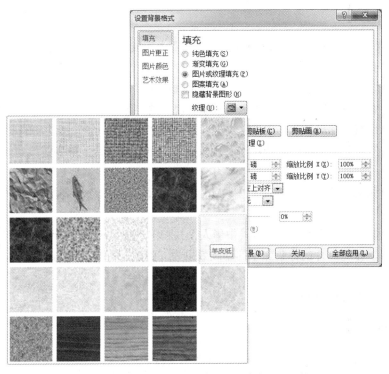

图 5-14 "填充"选项→"图片或纹理填充"→"纹理"

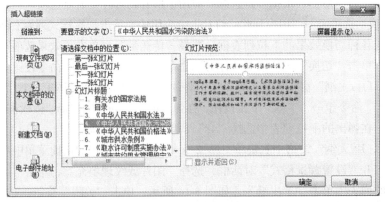

图 5-15 "插入超链接"对话框

图 5-16 插入音频

图 5-17 "音频工具-播放"选项卡→"音频选项"命令组

⑥ 单击"幻灯片/大纲"窗格中第 3 张幻灯片，在备注窗格（在幻灯片编辑窗格下方）中输入"新《中华人民共和国水法》于 2016 年 7 月修订。"。

⑦ 在"幻灯片/大纲"窗格中单击第 1 张幻灯片，选择"有关水的国家法规"文本，在"动画"选项卡→"动画"命令组中，单击动画样式列表右侧向下箭头"其他"按钮，出现各种动画效果的下拉列表框。在"进入"效果类中选择"弹跳"动画样式，单击"动画"选项卡→"动画"命令组右下角的"对话框启动器"按钮，打开"弹跳"效果选项对话框，单击"动画文本"右侧的下拉按钮，选择"按字/词"。切换到"计时"标签页，单击"开始"后的下拉列表，选择"与上一动画同时"选项，单击"确定"按钮。

⑧ 单击"快速访问工具栏"→"保存"按钮。完成后的样张如图 5-18 所示。

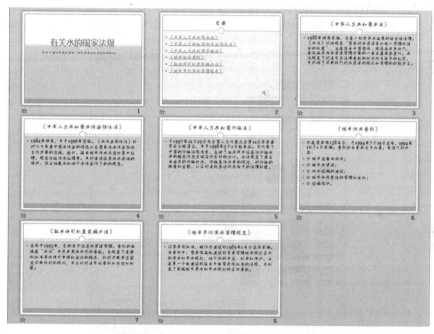

图 5-18　Ppzc3.pptx 演示文稿完成样张

实验 5-4：掌握预设填充效果的背景设置、艺术字的插入、页眉页脚、母版视图等操作。

【具体要求】

打开实验素材\EX5\EX5-4\Ppzc4.pptx，按下列要求完成对此演示文稿的操作并保存。

① 将所有幻灯片背景的填充效果预设为"雨后初晴"，方向为"线性对角—左上到右下"。

② 在第 1 张幻灯片中，在位置（水平：2.91cm，自：左上角，垂直：1.53cm，自：左上角）插入样式为"填充-蓝色，强调文字颜色 2，暖色粗糙棱台"的艺术字"非洲主要国家"，艺术字宽度为 20cm，高度为 3.1cm，文本效果为"转换—弯曲—正三角"。

③ 通过幻灯片母版视图在每张幻灯片的右下角插入图片"pic1.png"，设置图片的高度和宽度均为 4cm。

④ 在所有幻灯片的页脚区插入时间，样式为"××××年××月××日"，设置自动更新。

⑤ 为第 1 张幻灯片中的"肯尼亚""尼日利亚"等 5 国名称建立超链接，分别指向相应标题

的幻灯片。

⑥ 设置所有幻灯片切换方式为形状，效果选项为切出，单击鼠标时换页，并伴有风铃声。

⑦ 在第 6 张幻灯片文字下方插入图片 flag5.jpg，并设置其动画效果为自左侧飞入。

⑧ 保存文件"Ppzc4.pptx"。

【实验步骤】

双击打开实验素材\EX5\EX5-4\Ppzc4.pptx 演示文稿。

① 单击"设计"选项卡→"背景"命令组右侧的"对话框启动器"按钮，打开"设置背景格式"对话框，在"填充"选项中单击"渐变填充"单选按钮，单击"预设颜色"右侧的下拉按钮，在弹出的下拉列表框中选择"雨后初晴"的预设渐变效果，如图 5-19 所示，单击"方向"后的下拉按钮，选择"线性对角-左上到右下"选项，如图 5-20 所示，单击"全部应用"按钮，单击"关闭"按钮即可。

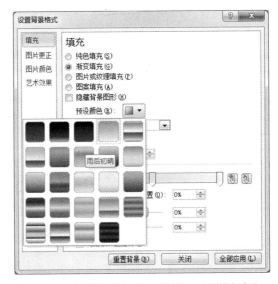

图 5-19   "设置背景格式"对话框 - "预设颜色"

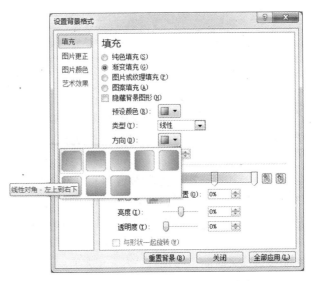

图 5-20   "设置背景格式"对话框 - "方向"

② 单击"幻灯片/大纲"窗格中第 1 张幻灯片，单击"插入"选项卡→"文本"命令组→"艺术字"命令按钮，弹出艺术字样式列表，选择"填充-蓝色，强调文字颜色 2，暖色粗糙棱台"选项。在艺术字编辑框中输入"非洲主要国家"，单击"绘图工具-格式"选项卡→"大小"命令组右下角的"对话框启动器"按钮，打开"设置形状格式"对话框。在"高度"和"宽度"后的数值框中分别输入 3.1cm、20cm，单击窗口左侧列表中的"位置"，在窗口右侧中的"水平""垂直"后的数值框中分别输入 2.91cm、1.53cm，在两个"自"后的下拉列表中均选择"左上角"，单击"关闭"按钮。单击"绘图工具-格式"选项卡→"艺术字样式"命令组→"文本效果"下拉按钮，单击"转换"选项，在"弯曲"区域选择"正三角"。

③ 单击"视图"选项卡→"母版视图"命令组→"幻灯片母版"命令按钮，进入"幻灯片母版"窗口。单击"插入"选项卡→"图像"命令组→"图片"命令按钮，打开"插入图片"对话框，定位到"实验素材\EX5\EX5-4"文件夹，选择"pic1.png"文件，单击"插入"按钮。选中图片，选择"图片工具-格式"选项卡→"大小"命令组右下角的"对话框启动器"按钮，打开"设置图片格式"对话框。在"缩放比例"区域中，取消选择"锁定纵横比"，设定其"高度"和"宽度"的均为 4cm，单击"关闭"按钮。拖动图片放到幻灯片的右下角。单击"幻灯片母板"选项卡→"关闭"命令组→"关闭母版视频"命令按钮。

④ 单击"插入"选项卡→"文本"命令组→"日期和时间"命令按钮，打开"页眉和页脚"对话框，如图 5-21 所示。选中"日期和时间"复选框，选中"自动更新"单选按钮，单击下方的下拉列表，选择所需的时间样式为"××××年××月××日"，选中"页脚"复选框，单击"全部应用"按钮。

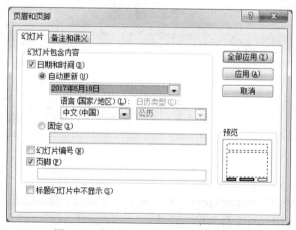

图 5-21　幻灯片"页眉和页脚"对话框

⑤ 在"幻灯片/大纲"窗格中单击第 1 张幻灯片，选中"肯尼亚"文本，单击"插入"选项卡→"链接"命令组→"超链接"命令按钮，打开"插入超链接"对话框。单击左边"链接到"列表中的"本文档中的位置"按钮，在右侧列出本演示文稿的所有幻灯片中选择"肯尼亚"幻灯片，单击"确定"按钮。采用同样的方法，为其余 4 个国名创建超链接，分别链接到相应标题的幻灯片。

⑥ 在"切换"选项卡→"切换到此幻灯片"命令组中，单击切换样式列表右侧向下箭头"其他"按钮，在切换效果列表中选择"形状"样式。单击"切换"选项卡→"切换到此幻灯片"命令组→"效果选项"命令按钮，选择"切出"选项。在"切换"选项卡→"计时"命令组→"换片方式"区域中选中"单击鼠标时"复选框，单击"声音"右侧的下拉按钮，在弹出的下拉列表

中选择"风铃"选项，单击"全部应用"命令按钮。

⑦ 在"幻灯片/大纲"窗格中单击第 6 张幻灯片，单击"插入"选项卡→"图像"命令组→"图片"命令按钮，打开"插入图片"对话框。定位到"实验素材\EX5\EX5-4"文件夹，选择图片"flag5.jpg"文件，单击"插入"按钮。选中图片，在"动画"选项卡→"动画"命令组中，单击动画样式列表右侧向下箭头"其他"按钮，出现各种动画效果的下拉列表框。在"进入"效果类中选择"飞入"动画样式，单击"动画"选项卡→"动画"命令组→"效果选项"下拉按钮，选择"自左侧"选项。

⑧ 单击"快速访问工具栏"→"保存"按钮。完成后的样张如图 5-22 所示。

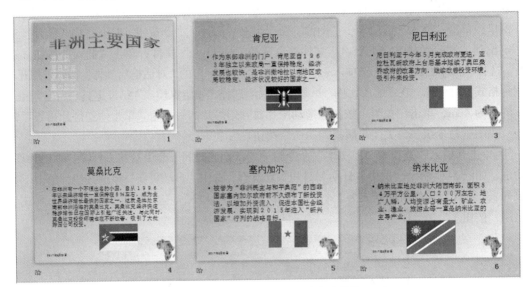

图 5-22　Ppzc4.pptx 演示文稿完成样张

实验 5-5：掌握日期、幻灯片编号、音频、动作按钮等的插入操作。

【具体要求】

打开实验素材\EX5\EX5-5\Ppzc5.pptx，按下列要求完成对此演示文稿的操作并保存。

① 为所有幻灯片应用素材文件夹中的设计主题 moban01.pot。

② 设置所有幻灯片的切换效果为溶解、每隔 2 秒换页。

③ 设置除标题幻灯片外的其余幻灯片显示自动更新的日期（样式为"××××年××月××日"）和幻灯片编号。

④ 在第一张幻灯片中插入"yinyue.mp3"音频，放映时隐藏图标跨幻灯片循环播放。

⑤ 在最后一张幻灯片的右下角插入一个"第一张"动作按钮，超链接指向第一张幻灯片。

⑥ 设置在展台浏览（全屏幕）的幻灯片放映方式。

⑦ 保存文件"Ppzc5.pptx"。

【实验步骤】

双击打开实验素材\EX5\EX5-5\Ppzc5.pptx 演示文稿。

① 选择"设计"选项卡→"主题"命令组，单击样式列表右侧向下箭头"其他"按钮，在弹出的下拉列表中选择"浏览主题"选项，打开"浏览主题或主题文档"对话框，定位到"实验素材\EX5\EX5-5"文件夹，选择"moban01.pot"文件，单击"应用"按钮。

② 在"切换"选项卡→"切换到此幻灯片"命令组中，单击切换样式列表右侧向下箭头"其他"按钮，在切换效果列表中选择"溶解"样式。在"切换"选项卡→"计时"命令组的"换片方式"区域中的"设置自动换片时间"的数值框中输入"00:02.00"复选框，单击"全部应用"命令按钮。

③ 单击"插入"选项卡→"文本"命令组→"日期和时间"命令按钮，打开"页眉和页脚"对话框。选中"日期和时间"复选框，选中"自动更新"单选按钮，单击下方的下拉按钮，选择所需的日期样式，选中"幻灯片编号"和"标题幻灯片中不显示"复选框，单击"全部应用"按钮。

④ 在"幻灯片/大纲"窗格中单击第 1 张幻灯片，单击"插入"选项卡→"媒体"命令组→"音频"命令按钮的下拉箭头，选择"文件中的音频"选项，打开"插入音频"对话框，定位到"实验素材\EX5\EX5-5"文件夹，选择"yinyue.mp3"文件，单击"插入"按钮。单击"音频工具-播放"选项卡→"音频选项"命令组→"开始"右侧的下拉按钮，选择"跨幻灯片播放"选项，选中"循环播放，直到停止"复选框，选中"放映时隐藏"复选框。

⑤ 在"幻灯片/大纲"窗格中单击最后一张幻灯片，单击"插入"选项卡→"插图"命令组→"形状"命令按钮，或者单击"开始"选项卡→"绘图"命令组→"形状"列表右侧向下箭头"其他"按钮，会弹出形状下拉列表框。在"动作按钮"区域选择"动作按钮：第一张"，如图 5-23 所示，鼠标移到最后一张幻灯片的右下角位置，按住鼠标左键拖动到适当位置松开，弹出"动作设置"对话框，如图 5-24 所示，单击"确定"按钮。

图 5-23　"动作按钮"区域→"动作按钮：第一张"　　　图 5-24　"动作设置"对话框

⑥ 单击"幻灯片放映"选项卡→"设置"命令组→"设置幻灯片放映"命令按钮，打开"设置放映方式"对话框，在"放映类型"选项区中，选择"在展台浏览（全屏幕）"，单击"确定"按钮。

⑦ 单击"快速访问工具栏"→"保存"按钮。完成后的样张如图 5-25 所示。

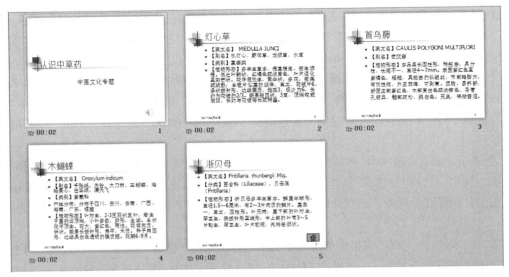

图 5-25　Ppzc5.pptx 演示文稿完成样张

实验 5-6：掌握插入视频、图片缩放等操作。

【具体要求】

打开实验素材\EX5\EX5-6\Ppzc6.pptx，按下列要求完成对此演示文稿的操作并保存。

① 使用"流畅"主题修饰所有幻灯片。

② 设置所有幻灯片的切换方式为"分割"，效果选项为"中央向上下展开"。

③ 插入标题幻灯片作为第 1 张幻灯片。输入标题"日月潭旅游景点"，设置其字体格式为66 磅、华文行楷、加粗、阴影、黄色（红色 230、绿色 230、蓝色 130）。

④ 在第 1 张幻灯片的适当位置插入剪贴画视频 businessmen。

⑤ 将第 2 张幻灯片的版式改为"两栏内容"，在其右部插入图片"日月潭.jpg"，设置其宽度和高度均缩放 300%，位置为水平方向距离左上角 14cm，垂直方向距离左上角 9cm。

⑥ 在第 2 张幻灯片中，为文字"日月潭""竹山""园通寺""玄光寺"和"杉林溪"建立超链接，分别指向相应标题的幻灯片。

⑦ 保存文件"Ppzc6.pptx"。

【实验步骤】

双击打开实验素材\EX5\EX5-6\Ppzc6.pptx 演示文稿。

① 单击"设计"选项卡→"主题"命令组，单击样式列表右侧向下箭头"其他"按钮，在弹出的下拉列表中，右击选中"流畅"，选择"应用于所有幻灯片"命令选项。

② 在"切换"选项卡→"切换到此幻灯片"命令组中，单击切换样式列表右侧向下箭头"其他"按钮，在切换效果列表中选择"分割"样式。单击"切换"选项卡→"切换到此幻灯片"命令组的"效果选项"下拉按钮，选择"中央向上下展开"命令选项。单击"切换"选项卡→"计时"命令组→"全部应用"命令按钮。

③ 在"幻灯片/大纲"窗格中的第 1 张幻灯片前单击,单击"开始"选项卡→"幻灯片"命令组→"新建幻灯片"命令按钮,在幻灯片的标题占位符中输入"日月潭旅游景点"。选中标题内容,单击"开始"选项卡→"字体"命令组→"字体"下拉按钮,选择"华文行楷"。单击"字号"下拉按钮,选择"66"。单击"加粗"命令按钮,单击"阴影"命令按钮,单击"颜色"下拉按钮,单击"其他颜色"命令选项,打开"颜色"对话框。切换到"自定义"标签页,在"红色""绿色""蓝色"后的数值框中分别输入 230、230、130,单击"确定"按钮。

④ 单击"插入"选项卡→"媒体"命令组→"视频"命令按钮的下拉箭头,选择"剪贴画视频"选项,打开"剪贴画"窗格,在"搜索文字"中输入"businessmen",单击"搜索"按钮,在下方的显示结果中,单击所需的文件,完成插入视频。

⑤ 在"幻灯片/大纲"窗格中右键单击第 2 张幻灯片,单击弹出式菜单中的"版式"命令,选择"两栏内容"。单击幻灯片右部占位符中的"插入图片"按钮,打开"插入图片"对话框。定位到"实验素材\EX5\EX5-6"文件夹,选择"日月潭.jpg",单击"插入"按钮。选中图片,单击"图片工具-格式"选项卡→"大小"命令组右侧的"对话框启动器"按钮,打开"设置图片格式"对话框。在"缩放比例"区域中的"高度"和"宽度"后的数值框中均输入 300%,单击左侧列表中的"位置",在"水平""垂直"的数值框中输入"14cm""9cm",单击"关闭"按钮。

⑥ 在"幻灯片/大纲"窗格中单击第 2 张幻灯片,选中"日月潭"文本,单击"插入"选项卡→"链接"命令组→"超链接"命令按钮,打开"插入超链接"对话框。单击左边"链接到"列表中的"本文档中的位置"按钮,在右侧列出本演示文稿的所有幻灯片中选择"日月潭"幻灯片,单击"确定"按钮。采用同样的方法,为"竹山""圆通寺""玄光寺"和"杉林溪"创建超链接,分别链接到相应标题的幻灯片。

⑦ 单击"快速访问工具栏"→"保存"按钮。完成后的样张如图 5-26 所示。

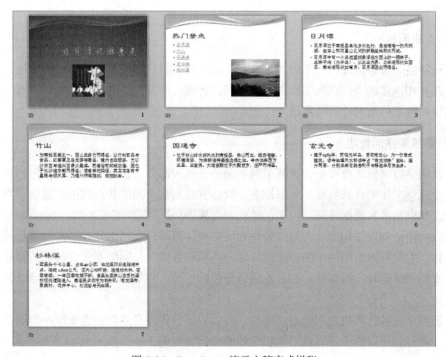

图 5-26 Ppzc6.pptx 演示文稿完成样张

第6章
计算机网络与 Internet 应用

【大纲要求重点】

- 计算机网络的基本概念和因特网（Internet）的基础知识，主要包括网络硬件和软件、TCP/IP 协议的工作原理，以及网络应用中常见的概念，如域名、IP 地址、DNS 服务等。
- Internet 的简单应用：浏览器（IE9）及搜索引擎的使用、电子邮件（E-mail）收发。

【知识要点】

6.1 计算机网络概述

1. 计算机网络

计算机网络是指将地理位置不同的具有独立功能的多台计算机及其外部设备，通过通信设备和通信线路互相连接起来，在网络操作系统、网络管理软件及网络通信协议的管理和协调下，实现资源共享和数据传输的计算机系统。

2. 计算机网络的组成

计算机网络按逻辑功能可分为资源子网和通信子网两部分。资源子网负责数据处理工作，它包括网络中独立工作的计算机及其外围设备、软件资源和整个网络共享数据。通信子网负责通信处理工作，如网络中的数据传输、加工、转发和变换等。

计算机网络按物理结构可分为网络硬件和网络软件两部分。网络硬件是指计算机网络中网络运行的实体，它包括网络中使用的计算机（客户机和服务器）、网络互连设备和传输介质。网络软件则是支持网络运行、提高效益和开发网络资源的工具，它包括网络中的网络系统软件和网络应用软件。

为了使网络内各计算机之间的通信可靠、有效，通信各方必须共同遵守统一的通信规则，即通信协议。通过它可以使各计算机之间相互理解会话、协调工作，如 OSI 参考模型和 TCP/IP 协议等。

3. 计算机网络的发展

计算机网络的发展大致可以分为 4 个阶段。

诞生阶段：20 世纪五六十年代，面向终端的具有通信功能的单机系统。

形成阶段：从 ARPANET 与分组交换技术开始，以通信子网为中心的主机互连。

互通阶段：20 世纪 70 年代起，网络体系结构与网络协议的标准化。

网络互连阶段：20 世纪 90 年代末至今，以网络互连为核心的计算机网络。

4. 数据通信

数据通信是指在两个计算机或终端之间以二进制的形式进行信息交换、传输数据。计算机网络是计算机技术和数据通信技术相结合的产物，数据通信涉及的相关概念包括信道、模拟信号和数字信号、调制与解调、带宽与传输速率、丢包、误码率等。

5. 计算机网络的分类

计算机网络可根据网络所使用的传输技术、网络的拓扑结构、网络协议等不同的标准进行分类，根据网络覆盖的地理范围和规模分类是最普遍采用的分类方法，它能较好地反映出网络的本质特征。由于网络覆盖的地理范围不同，它们所采用的传输技术也就不同，因此形成不同的网络技术特点与网络服务功能。依据这种分类标准，可以将计算机网络分为 3 类：局域网（Local Area Network，LAN）、城域网（Metropolitan Area Network，MAN）和广域网（Wide Area Network，WAN）。

6. 网络拓扑结构

计算机网络拓扑结构是组建各种网络的基础。不同的网络拓扑结构涉及不同的网络技术，对网络性能、系统可靠性与通信费用都有重要的影响。网络拓扑结构分为总线型拓扑、星型拓扑、环型拓扑、网状拓扑和树型拓扑等 5 种结构。

7. 网络硬件和网络软件

由于网络的类型不一样，使用的硬件设备可能有所差别，网络中硬件设备大概有传输介质（Media）、网络接口卡（NIC）、交换机（Switch）、无线 AP（Access Point）、路由器（Router）等。

在网络中若实现资源共享,实现不同的硬件设备通过统一划分层次来降低网络设计的复杂性，实现确保通信双方对数据的传输理解一致，都离不开网络软件的支持。网络软件一般是指网络操作系统、网络通信协议和应用级的提供网络服务功能的专用软件。

8. 无线局域网

随着技术的发展，无线局域网已逐渐代替有线局域网，成为现在家庭、小型公司主流的局域网组建方式。无线局域网（Wireless Local Area Networks，WLAN）是利用射频技术，使用电磁波取代双绞线构成的局域网络。

6.2　Internet 基础

1. Internet 与万维网

Internet（因特网）是通过路由器将世界不同地区、规模大小不一、类型不一的网络互相连接起来的网络，是一个全球性的计算机互联网络，因此也称为"国际互联网"，是一个信息资源极其丰富的世界上最大的计算机网络。

WWW（World Wide Web，万维网），又简称 Web，是因特网最重要的一种应用，是一种基于超文本（Hypertext）方式的信息查询工具，是集文本、声音、图像、视频等多媒体信息于一身的全球信息资源网络，因此也称为"环球信息网""环球网""全球浏览系统"等，是 Internet 发展中的一个非常重要的里程碑。

2. TCP/IP 协议

"TCP/IP 协议"是 Internet 最基本的协议，它译为传输控制协议/因特网互联协议，又名网络通讯协议，也是 Internet 国际互联网络的基础。TCP/IP 协议共分为四层，分别是网络层、互联层、传输层和应用层。

3. IP 地址和域名

IP 地址是 TCP/IP 协议中所使用的互联层地址标识，是一种在 Internet 中通用的地址格式，并在统一管理下进行地址分配，保证一个地址对应网络中的一台主机。IP 地址用 32 位二进制（4 个字节）表示，一台主机的 IP 地址由"网络号+主机号"组成。

IP 地址能方便地标识因特网上的计算机，但难于记忆。为此，TCP/IP 引进了域名（Domain Name），域名的实质就是用一组由字符组成的名字代替 IP 地址。对用户而言，使用域名比直接使用 IP 地址方便多了，但对于 Internet 的内部数据传输来说，使用的还是 IP 地址。把域名映射成 IP 地址的软件称为域名系统（Domain Name System，DNS）。

4. Internet 的接入

Internet 的接入方式通常有专线连接、局域网连接、无线连接和 ADSL 连接等。其中，企业用户常用专线连接，而个人用户主要使用 ADSL 及无线接入等。

6.3　Internet 的应用

1. IE 浏览器的使用

下面以 Windows 7 系统上的 Internet Explorer 9（IE9，或简称 IE）为例，介绍浏览器的常用功能及操作方法。

（1）IE 的启动与退出

IE 就是一个应用程序，IE 的启动与其他应用程序的启动过程基本相同。选择"开始"菜单→"所有程序"→"Internet Explorer"命令，或者单击 Windows 7 桌面或任务栏上设置 IE 的快捷方式，均可打开 IE 浏览器。

退出 IE 浏览器，单击 IE 窗口右上角的"关闭"按钮▨；或在任务栏的 IE 图标右键单击鼠标，在快捷菜单中单击"关闭窗口"按钮；或按<Alt+F4>组合键均可。

（2）IE 的窗口

IE 浏览器界面经过了简化设计，界面十分简洁。启动打开 IE 窗口，会打开一个选项卡，即默认主页。主要由标题栏、地址栏、收藏夹栏、命令栏、工具栏、状态栏、网页信息区等组成。

（3）浏览网页

输入 Web 地址后，按<Enter>键或单击"转到"按钮，浏览器就会按照地址栏中的地址转到相应的网站或页面。输入地址时，可以只输入网址的关键部分，或者不用输入协议开始部分（如 http://、ftp://等），按<Enter>键后，IE 系统自动补足剩余部分，并打开该网页。

打开 IE 浏览器自动进入的页面称为主页或首页，浏览时，可以使用"后退""前进"按钮来浏览最近访问过的页面。IE 浏览器还提供了如利用"历史""收藏夹"等浏览方法实现有目的的浏览，提高浏览效率。

此外，很多网站都有提供到其他站点的导航，还有一些专门的导航网站（如百度网址大全、hao123 网址之家等），可以在上面通过分类目录导航的方式浏览网页。

（4）Web 页面的保存和阅读

保存 Web 页：打开要保存的 Web 网页，单击"文件"→"另存为"命令，在打开的"保存网页"对话框中设置要保存的位置、名称、类型及编码方式，设置完毕后，单击"保存"按钮即可。

打开已保存的网页：在 IE 窗口上单击"文件"→"打开"命令，显示"打开"对话框，选择所保存的 Web 页的盘符和文件夹名；或者鼠标左键直接双击已保存的网页，便可以在浏览器中打开网页。

保存部分网页内容：鼠标选定想要保存的页面文字；按<Ctrl+C>快捷键（或通过右键单击快捷菜单中的"复制"命令），将选定的内容复制到剪贴板；打开一个空白的 Word 文档、记事本或其他文字编辑软件，按<Ctrl+V>快捷键将剪贴板中的内容粘贴到文档中。

保存网页中的图片：鼠标右键单击要保存的图片，选择"图片另存为"命令；在打开的"保存图片"对话框中设置图片的保存位置、名称及保存类型等；设置完毕后，单击"保存"按钮即可。

保存声音文件、视频文件、压缩文件等的超链接：超链接上单击鼠标右键，选择"目标另存为"，弹出"另存为"对话框；在"另存为"对话框内选择要保存的路径，键入要保存的文件的名称，单击"保存"按钮。此时在 IE 底部会出现一个下载传输状态窗口，包括下载完成百分比、估计剩余时间及暂停、取消等控制功能；单击"查看下载"可以打开 IE 的"查看下载"窗口，列出通过 IE 下载的文件列表，以及它们的状态和保存位置等信息，方便用户查看和跟踪下载的文件。

（5）更改主页的操作步骤

① 打开 IE 窗口，单击"工具"按钮"⚙"，或"工具"菜单中的"Internet 选项"。

② 打开"Internet 选项"对话框的"常规"选项卡。

③ 在"主页"组中的地址框中输入所要设为主页的网址（如百度网址）。如果事先打开"百度"页面，将可以直接单击"使用当前页"按钮，将"百度"设置为主页；如果不想显示任何页面，可单击"使用空白页"按钮；如果想设置多个主页，可在地址框中输入地址后按<Enter>键继续输入其他地址。

④ 单击"确定"按钮即可。

（6）"历史记录"的使用

浏览"历史记录"的操作步骤如下。

① 单击窗口左上方的"⭐ 收藏夹"按钮，IE 窗口左侧会打开一个"查看收藏夹、源和历史记录"的窗口。

② 选择"历史记录"选项卡，历史记录的排列方式包括：按日期查看、按站点查看、按访问次数查看、按今天的访问顺序查看，以及搜索历史记录。

③ 在默认的"按日期查看"方式下，单击选择日期▦，进入下一级文件夹。

④ 单击希望选择的网页文件夹图标 。

⑤ 单击访问过的网页地址图标，就可以打开此网页进行浏览。

设置和删除"历史记录"的操作步骤如下。

① 单击"工具"按钮，打开"Internet 选项"对话框。

② 在"常规"标签下，单击"浏览历史记录"组→"设置"打开"Internet 临时文件和历史记录设置"对话框，在下方输入天数，系统默认为 20 天。

③ 如果要删除所有的历史记录，单击"删除"按钮，在弹出的"删除浏览的历史记录"对话框中选择要删除的内容，如果勾选"历史记录"项，就可以清除所有的历史记录。

（7）收藏夹的使用

单击 IE 窗口左上方的"收藏夹"按钮⭐ 收藏夹，在打开的窗口中选择"收藏夹"选项卡，在收藏夹窗口中选择需要访问的网站，单击即可打开浏览。

通过"添加到收藏夹"按钮添加收藏，具体操作步骤如下。

① 进入到要收藏的网页/网站，单击 IE 的"收藏夹"按钮⭐ 收藏夹，在打开的窗口中选择"收藏夹"选项卡。

② 单击"添加到收藏夹"按钮，在打开的"添加收藏"对话框中选择创建位置，输入自己要保存的名称。

③ 单击"确定"按钮，即添加成功。

如果想新建一个收藏文件夹，则可单击"新建文件夹"按钮，弹出"创建文件夹"对话框，输入文件夹名称即可。

2. 搜索引擎

因特网上有不少好的搜索引擎，如百度 www.baidu.com、谷歌 www. google.com.hk、搜狗 www.sogou.com 等。具体操作步骤如下（以百度为例）。

① 在 IE 的地址栏中输入 www.baidu.com，打开百度搜索引擎的页面。

② 在搜索输入框中键入关键词。

③ 单击文本框后面的"百度一下"按钮，开始搜索。

④ 最后在网页浏览窗口显示搜索结果，单击任意一个超链接即可在打开的网页查看具体内容。

3．文件传输服务（FTP）

文件传输服务（File Transfer Protocol，FTP）是 Internet 提供的基本服务之一，利用这项服务因特网上的用户能够将一台计算机上的文件传输到另一台计算机上。

使用 IE 浏览器访问 FTP 站点并下载文件的操作步骤如下。

① 在 IE 的地址栏中输入要访问的 FTP 站点地址，按<Enter>键。

② 如果该站点不是匿名站点，则 IE 会提示输入用户名和密码，然后登录；如果该站点是匿名站点，则 IE 会自动匿名登录。

另外，也可以在"Windows 资源管理器"的地址栏输入 FTP 站点的地址，按<Enter>键即可。

4．电子邮件服务

（1）申请一个电子邮箱地址

一般大型网站，如新浪（www.sina.com.cn）、搜狐（www.sohu.com）、网易（www.163.com）等都提供免费电子邮箱，可以方便地到相应网站去申请；此外，腾讯 QQ 用户不需要申请即可拥有以 QQ 号为名称的电子邮箱。

这里举例如何在网易网页中申请一个免费的电子邮箱，操作步骤如下。

① 在 IE 浏览器中输入网页邮箱的网址"mail.163.com"，按<Enter>键打开"网易邮箱"网站首页，单击其中的"注册"按钮。

② 打开注册网页（如图 6-1 所示），根据提示输入电子邮箱的地址、密码和验证码等信息，单击"立即注册"按钮，将在打开的网页中提示注册成功。

图 6-1　输入申请电子邮箱的注册信息

（2）使用 Outlook 2010 收发电子邮件

在 Outlook 2010 中配置一个电子邮箱，然后使用该邮箱发送和接收电子邮件。

设置账号的具体操作步骤如下。

① 选择"开始"菜单→"所有程序"→"Microsoft Office"→"Microsoft Outlook 2010"命令，启动 Microsoft Outlook 2010 软件。如果第一次启动，将打开账户配置向导对话框，单击"下一步"按钮。

② 在打开的"账号设置"对话框中会提示是否进行电子邮箱配置，选中"是"单选项，单击"下一步"按钮。

③ 打开"自动账号设置"对话框，选中"手动配置服务器设置或其他服务器类型"单选项，单击"下一步"按钮。

④ 在打开的"添加新账户"对话框中选中"Internet 电子邮件"单选项，单击"下一步"按钮。

⑤ 在打开的对话框中按要求输入用户姓名、电子邮箱地址、接收邮件和发送邮件服务器地址、登录密码等信息，单击"下一步"按钮。

⑥ Outlook 2010 自动连接用户的电子邮箱服务器进行账户的配置，稍候将打开提示对话框提示配置成功。单击"完成"按钮结束账号的设置，并打开 Outlook 2010 窗口。

如果需要添加新的账户，则在打开的 Outlook 2010 窗口中，单击"文件"选项卡→"信息"按钮，进入"账户信息"窗口。单击"添加账户"按钮，在打开的"添加新账户"对话框进行设置即可。

发送邮件（撰写内容、抄送和添加附件）的具体操作步骤如下。

① 启动 Outlook 2010，单击"开始"选项卡→"新建"命令组→"新建电子邮件"按钮，打开新建（发送）邮件窗口。

② 在"收件人"和"抄送"文本框中输入接收邮件的用户电子邮箱地址，在"主题"文本框中输入邮件的标题。在下方的正文内容窗口中输入相关信息。

③ 如果需要添加附件，单击"邮件"选项卡→"添加"命令组→"附加文件"命令按钮，在打开的"插入文件"对话框中选择附件文件，单击"插入"按钮，即将附件文件添加到发送邮件窗口中。

④ 单击"发送"按钮，将邮件内容和附件一起发送给收件人和抄送人。

如果已经将收件人邮箱添加到"通讯录"，则可以单击"收件人…"右侧的下拉按钮，在弹出的下拉列表中选择收件人。可以像编辑 Word 文档一样对邮件的正文内容窗口中的内容进行设置字体、字号、颜色等。

接收和阅读邮件（保存附件）的具体操作步骤如下。

① 启动 Outlook 2010。如果要查看是否有新的电子邮件，单击"发送/接收"选项卡→"发送/接收所有文件夹"命令按钮。此时，会出现一个邮件发送和接收的对话框，当下载完邮件后，就可以阅读查看了。

② 选择 Outlook 2010 窗口左侧的"收件箱"选项。左部为 Outlook 栏；中部为邮件列表区，右部是邮件预览区。若在中部的列表区选择一个邮件并单击，则在右部的预览区显示邮件的内容。

如果要简单地浏览某个邮件，单击邮件列表区的某个邮件即可。如果要详细阅读或对邮件做各种操作，可以双击该邮件打开。当阅读完邮件后，可直接单击窗口"关闭"按钮，结束该邮件的阅读。

如果邮件中含有附件，则在邮件图标右侧会列出附件的名称，需要查看附件内容时，可单击附件名称，在 Outlook 2010 中预览。如果某些不是文档的文件无法在 Outlook 2010 中预览，则可以双击打开。

如果要保存附件到另外的文件夹中，可鼠标右键单击附件文件名，在弹出的下拉列表中选择"另存为"按钮，在打开的"保存附件"窗口中指定保存路径，单击"保存"按钮即可。

回复或转发邮件的具体操作步骤如下。

可以在邮件阅读窗口中通过执行"邮件"选项卡→"响应"命令组下的相关命令来完成。

如果阅读完一封邮件需要回复时，在邮件阅读窗口中单击"邮件"选项卡→"响应"命令组→"答复"或"全部答复"命令按钮，弹出回信窗口，此时发件人和收件人的地址已由系统自动填好，原信件的内容也都显示出来作为引用内容。回信内容写好后，单击"发送"按钮，就可以完成邮件的回复。

如果阅读完一封邮件需要转发时，在邮件阅读窗口中单击"邮件"选项卡→"响应"命令组→"转发"命令按钮，弹出转发窗口，输入收件人地址，多个地址之间用逗号或分号隔开；必要时，可在待转发的邮件之下撰写附加信息；最后，单击"发送"按钮，即可完成邮件的转发。

【实验及操作指导】

（实验 6　Internet 的简单应用）☆

实验 6-1：利用 IE 进行网上信息浏览。（掌握 IE 浏览器的使用，学会浏览网页和保存网页文本）

【具体要求】

运行 Internet Explorer，并完成下面的操作。

某网站的主页地址是：www.20cn.net/ns/cn/zs/data/20020818024857.htm，打开此网页浏览"网络基础知识"页面，并将该页面的内容以文本文件的格式保存到 EX6 文件夹下，命名为"study1.txt"。

【实验步骤】

① 选择"开始"菜单→"所有程序"→"Internet Explorer"命令，或者单击 Windows 7 桌面或任务栏上设置 IE 的快捷方式，均可打开 IE 浏览器。

② 在地址栏中输入"www.20cn.net/ns/cn/zs/data/20020818024857.htm"，按<Enter>键或单击"转到"按钮，转到相应网页。

③ 单击"文件"→"另存为"命令，打开"保存网页"对话框。设置要保存的位置为 EX6 文件夹，单击"保存类型"下拉框，选择"文本文件"，输入文件名 study1.txt，单击"保存"按钮。

实验 6-2：利用 IE 进行网上信息浏览。（掌握 IE 浏览器的使用，学会浏览网页和保存网页中图片）

☆【实验素材】　C:\大学计算机信息技术-（实验素材）\EX6

【具体要求】

运行 Internet Explorer，并完成下面的操作。

某网站的主页地址是：http://sports.sohu.com/1/1102/40/subject204254032.shtml，打开此网页浏览"NBA 图片"页面，选择喜欢的图片，保存到 EX6 文件夹下，命名为 NBA.jpg。

【实验步骤】

① 选择"开始"菜单→"所有程序"→"Internet Explorer"命令，打开 IE 浏览器。

② 在地址栏中输入"sports.sohu.com/1/1102/40/subject204254032.shtml"，按<Enter>键。

③ 鼠标右键单击要保存的图片，选择"图片另存为"，弹出"保存图片"对话框。设置要保存的位置为 EX6 文件夹，单击"保存类型"下拉框，选择"JPEG"，输入文件名 NBA.jpg，单击"保存"按钮。

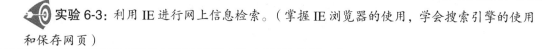 实验 6-3：利用 IE 进行网上信息检索。（掌握 IE 浏览器的使用，学会搜索引擎的使用和保存网页）

【具体要求】

使用 Internet Explorer 浏览器，通过百度搜索引擎（网址为：https://www.baidu.com）搜索含有单词"basketball"的页面，将搜索到的第一个网页内容保存到 EX6 文件夹下，命名为"SS.htm"。

【实验步骤】

① 选择"开始"菜单→"所有程序"→"Internet Explorer"命令，打开 IE 浏览器。

② 在地址栏中输入"www.baidu.com"，按<Enter>键。

③ 在搜索输入框中键入"basketball"，单击输入框后面的"百度一下"按钮，开始搜索。最后在网页浏览窗口显示搜索结果。

④ 单击搜索结果里的第一个网页，转到相应网页。单击"文件"→"另存为"命令，打开"保存网页"对话框，设置要保存的位置为 EX6 文件夹，单击"保存类型"下拉框，选择"网页，仅HTML"，输入文件名 SS.htm，单击"保存"按钮。

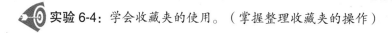 实验 6-4：学会收藏夹的使用。（掌握整理收藏夹的操作）

【具体要求】

运行 Internet Explorer，并完成下面的操作。

整理你的 IE 收藏夹，在 IE 收藏夹中新建文件夹"学习相关""娱乐相关"和"下载相关"。

【实验步骤】

① 选择"开始"菜单→"所有程序"→"Internet Explorer"命令，打开 IE 浏览器。

② 单击 IE 窗口左上方的"收藏夹"按钮，单击"添加到收藏夹"按钮右侧的下拉按钮，选

择"整理收藏夹"，打开"整理收藏夹"对话框。单击窗口下方的"新建文件夹"按钮，弹出"创建文件夹"对话框，输入"学习相关"，单击"创建"按钮。

③ 单击窗口下方的"新建文件夹"按钮，弹出"创建文件夹"对话框，输入"娱乐相关"，单击"创建"按钮。

④ 单击窗口下方的"新建文件夹"按钮，弹出"创建文件夹"对话框，输入"下载相关"，单击"创建"按钮。

 实验 6-5：使用 Outlook Express 发电子邮件。（掌握发送电子邮件的操作）

【具体要求】

向部门经理张明发送一个电子邮件，并将 EX6 文件夹下的一个 Word 文档 Gzjh.docx 作为附件一起发送，同时抄送总经理刘斌。具体如下。

【收件人】Zhangming@mail.pchome.com.cn

【抄送】Liubin@mail.pchome.com.cn

【主题】工作计划

【函件内容】"发送全年工作计划草案，请审阅。具体见附件。"

【实验步骤】

① 启动 Outlook 2010，弹出窗口，单击"开始"选项卡→"新建"命令组→"新建电子邮件"按钮，弹出撰写新邮件的窗口。

② 将插入点光标移到信头的相应位置，在"收件人"栏中填入"Zhangming@mail.pchome.com.cn"，在"抄送"栏中填入"Liubin@mail.pchome.com.cn"，在"主题"中填入"工作计划"。

③ 将插入点光标移到信体部分，键入邮件内容"发送全年工作计划草案，请审阅。具体见附件。"。单击"邮件"选项卡→"添加"命令组→"附加文件"按钮，打开"插入文件"对话框，将 EX6\Gzjh.doc 文件添加为附件。

④ 单击"发送"按钮，即可发往收件人。

 实验 6-6：使用 Outlook Express 收电子邮件。（掌握收电子邮件并进行回复）

【具体要求】

接收并阅读由 rock@cuc.edu.cn 发来的 E-mail，将随信发来的附件"spalt.docx"下载保存到 EX6 文件夹下。立即回复邮件，回复内容："您所要索取的资料已用快递寄出。"，并将 EX6 文件夹下的一个资料清单文件 spabc.xlsx 作为附件一起发送。

【实验步骤】

① 启动 Outlook 2010，弹出窗口。在左侧导航窗格中单击"收件箱"，中部窗格中显示收件箱中所有邮件列表，单击 rock@cuc.edu.cn 发来的邮件（如果没有，单击"发送/接收"选项卡→"发送/接收"命令组→"发送/接收所有文件夹"命令按钮，弹出"Outlook 发送和接收进度"窗

口，完成邮件的接收），在其右部窗格会预览邮件内容。

② 单击预览区中的附件名"spalt.docx"，单击"附件工具-附件"选项卡→"动作"命令组→"另存为"命令按钮，打开"保存附件"对话框。设置要保存的位置为 EX6 文件夹，单击"保存"按钮。

③ 单击"开始"选项卡→"响应"命令组→"答复"命令按钮，打开"答复"窗口。

④ 将插入点光标移到信体部分，键入邮件内容"您所要索取的资料已用快递寄出。"。单击"邮件"选项卡→"添加"命令组→"附加文件"按钮，打开"插入文件"对话框，将 EX6\spabc.txt 文件添加为附件。

⑤ 单击"发送"按钮，即完成邮件回复。

附录
全国计算机等级考试大纲（2018版）

一级 MS Office 考试大纲

【基本要求】

1. 具有微型计算机的基础知识（包括计算机病毒的防治常识）。
2. 了解微型计算机系统的组成和各部分的功能。
3. 了解操作系统的基本功能和作用，掌握 Windows 的基本操作和应用。
4. 了解文字处理的基本知识，熟练掌握文字处理 MS Word 的基本操作和应用，熟练掌握一种汉字（键盘）输入方法。
5. 了解电子表格软件的基本知识，掌握电子表格软件 Excel 的基本操作和应用。
6. 了解多媒体演示软件的基本知识，掌握演示文稿制作软件 PowerPoint 的基本操作和应用。
7. 了解计算机网络的基本概念和因特网（Internet）的初步知识，掌握 IE 浏览器软件和 Outlook Express 软件的基本操作和使用。

【考试内容】

一、计算机基础知识

1. 计算机的发展、类型及其应用领域。
2. 计算机中数据的表示、存储与处理。
3. 多媒体技术的概念与应用。
4. 计算机病毒的概念、特征、分类与防治。
5. 计算机网络的概念、组成和分类，计算机与网络信息安全的概念和防控。
6. 因特网网络服务的概念、原理和应用。

二、操作系统的功能和使用

1. 计算机软、硬件系统的组成及主要技术指标。
2. 操作系统的基本概念、功能、组成及分类。
3. Windows 操作系统的基本概念和常用术语，文件、文件夹、库等。
4. Windows 操作系统的基本操作和应用。
（1）桌面外观的设置，基本的网络配置。

（2）熟练掌握资源管理器的操作与应用。

（3）掌握文件、磁盘、显示属性的查看、设置等操作。

（4）中文输入法的安装、删除和选用。

（5）掌握检索文件、查询程序的方法。

（6）了解软、硬件的基本系统工具。

三、文字处理软件的功能和使用

1. Word 的基本概念，Word 的基本功能和运行环境，Word 的启动和退出。

2. 文档的创建、打开、输入、保存等基本操作。

3. 文本的选定、插入与删除、复制与移动、查找与替换等基本编辑技术，多窗口和多文档的编辑。

4. 字体格式设置、段落格式设置、文档页面设置、文档背景设置和文档分栏等基本排版技术。

5. 表格的创建、修改，表格的修饰，表格中数据的输入与编辑，数据的排序和计算。

6. 图形和图片的插入，图形的建立和编辑，文本框、艺术字的使用和编辑。

7. 文档的保护和打印。

四、电子表格软件的功能和使用

1. 电子表格的基本概念和基本功能，Excel 的基本功能、运行环境、启动和退出。

2. 工作簿和工作表的基本概念和基本操作，工作簿和工作表的建立、保存和退出；数据输入和编辑；工作表和单元格的选定、插入、删除、复制、移动；工作表的重命名和工作表窗口的拆分和冻结。

3. 工作表的格式化，包括设置单元格格式、设置列宽和行高、设置条件格式、使用样式、自动套用模式和使用模板等。

4. 单元格绝对地址和相对地址的概念，工作表中公式的输入和复制，常用函数的使用。

5. 图表的建立、编辑和修改以及修饰。

6. 数据清单的概念，数据清单的建立，数据清单内容的排序、筛选、分类汇总，数据合并，数据透视表的建立。

7. 工作表的页面设置、打印预览和打印，工作表中链接的建立。

8. 保护和隐藏工作簿和工作表。

五、PowerPoint 的功能和使用

1. 中文 PowerPoint 的功能、运行环境、启动和退出。

2. 演示文稿的创建、打开、关闭和保存。

3. 演示文稿视图的使用，幻灯片基本操作（版式、插入、移动、复制和删除）。

4. 幻灯片基本制作（文本、图片、艺术字、形状、表格等插入及其格式化）。

5. 演示文稿主题选用与幻灯片背景设置。

6. 演示文稿放映设计（动画设计、放映方式、切换效果）。

7. 演示文稿的打包和打印。

六、因特网（Internet）的初步知识和应用

1. 了解计算机网络的基本概念和因特网的基础知识，主要包括网络硬件和软件，TCP/IP 协议的工作原理，以及网络应用中常见的概念，如域名、IP 地址、DNS 服务等。

2. 能够熟练掌握浏览器、电子邮件的使用和操作。

【考试方式】

1. 采用无纸化考试，上机操作。考试时间为 90 分钟。
2. 软件环境：Windows 7 操作系统，Microsoft Office 2010 办公软件。
3. 在指定时间内，完成下列各项操作。
（1）选择题（计算机基础知识和网络的基本知识）。（20 分）
（2）Windows 操作系统的使用。（10 分）
（3）Word 操作。（25 分）
（4）Excel 操作。（20 分）
（5）PowerPoint 操作。（15 分）
（6）浏览器（IE）的简单使用和电子邮件收发。（10 分）

一级 WPS Office 考试大纲

【基本要求】

1. 具有微型计算机的基础知识（包括计算机病毒的防治常识）。
2. 了解微型计算机系统的组成和各部分的功能。
3. 了解操作系统的基本功能和作用，掌握 Windows 的基本操作和应用。
4. 了解文字处理的基本知识，熟练掌握文字处理 WPS 文字的基本操作和应用，熟练掌握一种汉字（键盘）输入方法。
5. 了解电子表格软件的基本知识，掌握 WPS 表格的基本操作和应用。
6. 了解多媒体演示软件的基本知识，掌握演示文稿制作软件 WPS 演示的基本操作和应用。
7. 了解计算机网络的基本概念和因特网（Internet）的初步知识，掌握 IE 浏览器软件和 Outlook Express 软件的基本操作和使用。

【考试内容】

一、计算机基础知识

1. 计算机的发展、类型及其应用领域。
2. 计算机中数据的表示、存储与处理。
3. 多媒体技术的概念与应用。
4. 计算机病毒的概念、特征、分类与防治。
5. 计算机网络的概念、组成和分类，计算机与网络信息安全的概念和防控。
6. 因特网网络服务的概念、原理和应用。

二、操作系统的功能和使用

1. 计算机软、硬件系统的组成及主要技术指标。
2. 操作系统的基本概念、功能、组成及分类。
3. Windows 操作系统的基本概念和常用术语，文件、文件夹、库等。
4. Windows 操作系统的基本操作和应用。

（1）桌面外观的设置，基本的网络配置。

（2）熟练掌握资源管理器的操作与应用。

（3）掌握文件、磁盘、显示属性的查看、设置等操作。

（4）中文输入法的安装、删除和选用。

（5）掌握检索文件、查询程序的方法。

（6）了解软、硬件的基本系统工具。

三、WPS 文字处理软件的功能和使用

1. 文字处理软件的基本概念，WPS 文字的基本功能、运行环境、启动和退出。

2. 文档的创建、打开和基本编辑操作，文本的查找与替换，多窗口和多文档的编辑。

3. 文档的保存、保护、复制、删除、插入。

4. 字体格式、段落格式和页面格式设置等基本操作，页面设置和打印预览。

5. WPS 文字的图形功能，图形、图片对象的编辑及文本框的使用。

6. WPS 文字表格制作功能，表格结构、表格创建、表格中数据的输入与编辑及表格样式的使用。

四、WPS 表格软件的功能和使用

1. 电子表格的基本概念，WPS 表格的功能、运行环境、启动与退出。

2. 工作簿和工作表的基本概念，工作表的创建、数据输入、编辑和排版。

3. 工作表的插入、复制、移动、更名、保存等基本操作。

4. 工作表中公式的输入与常用函数的使用。

5. 工作表数据的处理，数据的排序、筛选、查找和分类汇总，数据合并。

6. 图表的创建和格式设置。

7. 工作表的页面设置、打印预览和打印。

8. 工作簿和工作表数据安全、保护及隐藏操作。

五、WPS 演示软件的功能和使用

1. 演示文稿的基本概念，WPS 演示的功能、运行环境、启动与退出。

2. 演示文稿的创建、打开和保存。

3. 演示文稿视图的使用，演示页的文字编排、图片和图表等对象的插入，演示页的插入、删除、复制以及演示页顺序的调整。

4. 演示页版式的设置、模板与配色方案的套用、母版的使用。

5. 演示页放映效果的设置、换页方式及对象动画的选用，演示文稿的播放与打印。

六、因特网（Internet）的初步知识和应用

1. 了解计算机网络的基本概念和因特网的基础知识，主要包括网络硬件和软件，TCP/IP 协议的工作原理，以及网络应用中常见的概念，如域名、IP 地址、DNS 服务等。

2. 能够熟练掌握浏览器、电子邮件的使用和操作。

【考试方式】

1. 采用无纸化考试，上机操作。考试时间为 90 分钟。

2. 软件环境：Windows 7 操作系统，WPS Office 2012 办公软件。

3. 在指定时间内，完成下列各项操作。

（1）选择题（计算机基础知识和网络的基本知识）。（20 分）

（2）Windows 操作系统的使用。（10分）

（3）WPS 文字的操作。（25分）

（4）WPS 表格的操作。（20分）

（5）WPS 演示软件的操作。（15分）

（6）浏览器（IE）的简单使用和电子邮件收发。（10分）

一级 Photoshop 考试大纲

【基本要求】

1. 掌握微型计算机的基础知识（包括计算机病毒的防治常识）。

2. 了解数字图像的基础知识。

3. 了解 Photoshop CS5 软件的工作环境和界面操作。

4. 掌握选区创建、编辑与基本应用的方法。

5. 掌握绘图工具的基本使用方法和图像色调的调整方法。

6. 掌握图层及蒙版的基本知识，熟练使用图层样式。

7. 掌握文字效果的基本制作方法。

【考试内容】

一、计算机基础知识

1. 计算机的概念、类型及其应用领域，计算机系统的配置及主要技术指标。

2. 计算机中数据的表示：二进制的概念，整数的二进制表示，西文字符的 ASCII 码表示，汉字及其编码（国标码），数据的存储单位（位、字节、字）。

3. 计算机病毒的概念和病毒的防治。

4. 计算机硬件系统的组成和功能：CPU、存储器（ROM、RAM） 以及常用的输入/输出设备的功能。

5. 计算机软件系统的组成和功能：系统软件和应用软件，程序设计语言（机器语言、汇编语言、高级语言）的概念。

二、数字图像的基础知识

1. 色彩的概念及基本配色原理。

2. 像素、分辨率、矢量图形、位图图像等概念。

3. 颜色模式、位深度的概念及基本应用。

4. 常用图像文件格式的特点。

三、Photoshop 软件的工作界面与基本操作

1. Photoshop 工作界面（工具箱、菜单、面板、文档窗口等）的功能。

2. 文件菜单的基本使用。

四、选区的创建、编辑与基本应用

1. 选区工具及其选项设置。

2. 选择菜单的使用。

3. 选区的基本应用，包括复制、粘贴、填充、描边、变换和定义图案等。

五、图像的绘制、编辑与修饰

1. 绘图工具（包括画笔工具、橡皮擦工具、渐变工具、油漆桶工具等）的使用。

2. 图章工具（仿制图章工具和图案图章工具）和修复工具（污点修复工具、修复画笔工具、修补工具和红眼工具）的使用。

3. 修饰工具（包括涂抹工具、模糊工具、锐化工具、海绵工具、减淡工具、加深工具）的使用。

4. 图像菜单的基本使用，包括模式、图像大小、亮度/对比度、色阶、曲线、色相/饱和度、色彩平衡、替换颜色、裁剪、裁切。

六、图层及蒙版的基本操作与应用

1. 图层菜单和图层面板的基本使用。

2. 图层蒙版的基本使用。

3. 图层样式的使用。

七、文字效果

1. 横排文字工具和直排文字工具的使用。

2. 字符面板和段落面板的使用。

3. 文本图层的样式使用。

【考试方式】

上机考试，考试时长 90 分钟，满分 100 分。

1. 题型及分值。

单项选择题 55 分（含计算机基础知识部分 20 分，Photoshop 知识与操作部分 35 分）。

Photoshop 操作题 45 分（含 3 道题目，每题 15 分）。

2. 考试环境。

操作系统 Windows 7，图像软件 Adobe Photoshop CS5（典型方式安装）。

二级公共基础知识考试大纲

【基本要求】

1. 掌握算法的基本概念。

2. 掌握基本数据结构及其操作。

3. 掌握基本排序和查找算法。

4. 掌握逐步求精的结构化程序设计方法。

5. 掌握软件工程的基本方法，具有初步应用相关技术进行软件开发的能力。

6. 掌握数据库的基本知识，了解关系数据库的设计。

【考试内容】

一、基本数据结构与算法

1. 算法的基本概念，算法复杂度的概念和意义（时间复杂度与空间复杂度）。

2. 数据结构的定义，数据的逻辑结构与存储结构，数据结构的图形表示；线性结构与非线性结构的概念。

3. 线性表的定义，线性表的顺序存储结构及其插入与删除运算。

4. 栈和队列的定义，栈和队列的顺序存储结构及其基本运算。

5. 线性单链表、双向链表与循环链表的结构及其基本运算。

6. 树的基本概念，二叉树的定义及其存储结构，二叉树的前序、中序和后序遍历。

7. 顺序查找与二分法查找算法，基本排序算法（交换类排序，选择类排序，插入类排序）。

二、程序设计基础

1. 程序设计方法与风格。

2. 结构化程序设计。

3. 面向对象的程序设计方法、对象、方法、属性及继承与多态性。

三、软件工程基础

1. 软件工程基本概念，软件生命周期概念，软件工具与软件开发环境。

2. 结构化分析方法，数据流图，数据字典，软件需求规格说明书。

3. 结构化设计方法，总体设计与详细设计。

4. 软件测试的方法，白盒测试与黑盒测试，测试用例设计，软件测试的实施，单元测试、集成测试和系统测试。

5. 程序的调试，静态调试与动态调试。

四、数据库设计基础

1. 数据库的基本概念：数据库，数据库管理系统，数据库系统。

2. 数据模型，实体联系模型及 E-R 图，从 E-R 图导出关系数据模型。

3. 关系代数运算，包括集合运算及选择、投影、连接运算，数据库规范化理论。

4. 数据库设计方法和步骤：需求分析、概念设计、逻辑设计和物理设计的相关策略。

【考试方式】

1. 公共基础知识不单独考试，与其他二级科目组合在一起，作为二级科目考核内容的一部分。

2. 考试方式为上机考试，10 道选择题，占 10 分。

二级 C 语言程序设计考试大纲

【基本要求】

1. 熟悉 Visual C++集成开发环境。

2. 掌握结构化程序设计的方法，具有良好的程序设计风格。

3. 掌握程序设计中简单的数据结构和算法并能阅读简单的程序。

4. 在 Visual C++集成环境下，能够编写简单的 C 程序，并具有基本的纠错和调试程序的能力。

【考试内容】

一、C 语言程序的结构

1. 程序的构成，main 函数和其他函数。

2. 头文件，数据说明，函数的开始和结束标志以及程序中的注释。

3. 源程序的书写格式。

4. C 语言的风格。

二、数据类型及其运算

1. C 的数据类型（基本类型、构造类型、指针类型、无值类型）及其定义方法。

2. C 运算符的种类、运算优先级和结合性。

3. 不同类型数据间的转换与运算。

4. C 表达式类型（赋值表达式、算术表达式、关系表达式、逻辑表达式、条件表达式、逗号表达式）和求值规则。

三、基本语句

1. 表达式语句、空语句、复合语句。

2. 输入输出函数的调用，正确输入数据并正确设计输出格式。

四、选择结构程序设计

1. 用 if 语句实现选择结构。

2. 用 switch 语句实现多分支选择结构。

3. 选择结构的嵌套。

五、循环结构程序设计

1. for 循环结构。

2. while 和 do-while 循环结构。

3. continue 语句和 break 语句。

4. 循环的嵌套。

六、数组的定义和引用

1. 一维数组和二维数组的定义、初始化和数组元素的引用。

2. 字符串与字符数组。

七、函数

1. 库函数的正确调用。

2. 函数的定义方法。

3. 函数的类型和返回值。

4. 形式参数与实在参数，参数值的传递。

5. 函数的正确调用，嵌套调用，递归调用。

6. 局部变量和全局变量。

7. 变量的存储类别（自动、静态、寄存器、外部），变量的作用域和生存期。

八、编译预处理

1. 宏定义和调用（不带参数的宏，带参数的宏）。

2. "文件包含"处理。

九、指针

1. 地址与指针变量的概念，地址运算符与间址运算符。

2. 一维、二维数组和字符串的地址以及指向变量、数组、字符串、函数、结构体的指针变量的定义。通过指针引用以上各类型数据。

3. 用指针作函数参数。

4. 返回地址值的函数。

5. 指针数组，指向指针的指针。

十、结构体（即"结构"与共同体（即"联合"））

1. 用 typedef 说明一个新类型。

2. 结构体和共用体类型数据的定义和成员的引用。

3. 通过结构体构成链表，单向链表的建立，结点数据的输出、删除与插入。

十一、位运算

1. 位运算符的含义和使用。

2. 简单的位运算。

十二、文件操作

只要求缓冲文件系统（即高级磁盘 I/O 系统），对非标准缓冲文件系统（即低级磁盘 I/O 系统）不要求。

1. 文件类型指针（FILE 类型指针）。

2. 文件的打开与关闭（fopen、fclose）。

3. 文件的读写（fputc、fgetc、fputs、fgets、fread、fwrite、fprintf、fscanf 函数的应用），文件的定位（rewind、fseek 函数的应用）。

【考试方式】

上机考试，考试时长 120 分钟，满分 100 分。

1. 题型及分值。

单项选择题 40 分（含公共基础知识部分 10 分）、操作题 60 分（包括填空题、程序修改题及程序设计题）。

2. 考试环境。

操作系统 Windows 7，开发环境 Microsft Visual C++ 2010 学习版。

二级 Visual Basic 语言程序设计考试大纲

【基本要求】

1. 熟悉 Visual Basic 集成开发环境。

2. 了解 Visual Basic 中对象的概念和事件驱动程序的基本特性。

3. 了解简单的数据结构和算法。

4. 能够编写和调试简单的 Visual Basic 程序。

【考试内容】

一、Visual Basic 程序开发环境

1. 可视化与事件驱动型语言。

2. Visual Basic 的启动与退出。

3. 主窗口。

（1）标题和菜单。

（2）工具栏。

4. 其他窗口。

（1）窗体设计器和工程资源管理器。

（2）属性窗口和工具箱窗口。

二、对象及其操作

1. 对象。

（1）Visual Basic 的对象。

（2）对象属性设置。

2. 窗体。

（1）窗体的结构与属性。

（2）窗体事件。

3. 控件。

（1）标准控件。

（2）控件的命名和控件值。

4. 控件的画法和基本操作。

5. 事件驱动。

三、数据类型及其运算

1. 数据类型。

（1）基本数据类型。

（2）用户定义的数据类型。

2. 常量和变量。

（1）局部变量与全局变量。

（2）缺省声明。

3. 常用内部函数。

4. 运算符与表达式。

（1）算术运算符。

（2）关系运算符与逻辑运算符。

（3）字符串表达式与日期表达式。

（4）表达式的执行顺序。

四、数据输入、输出

1. 数据输出。

（1）Print 方法。

（2）与 Print 方法有关的函数（Tab，Spc，Space $ ）。

（3）格式输出（Format $）。

2. InputBox 函数。

3. MsgBox 函数和 MsgBox 语句。

4. 字形。

五、常用标准控件

1. 文本控件。

（1）标签。

（2）文本框。

2. 图形控件。

（1）图片框，图像框的属性、事件和方法。

（2）图形文件的装入。

（3）直线和形状。

3. 按钮控件。

4. 选择控件：复选框和单选按钮。

5. 选择控件：列表框和组合框。

6. 滚动条。

7. 计时器。

8. 框架。

9. 焦点与 Tab 顺序。

六、控制结构

1. 选择结构。

（1）单行结构条件语句。

（2）块结构条件语句。

（3）If 函数。

2. 多分支结构。

3. For 循环控制结构。

4. 当循环控制结构。

5. Do 循环控制结构。

6. 多重循环。

七、数组

1. 数组的概念。

（1）数组的定义。

（2）静态数组与动态数组。

2. 数组的基本操作。

（1）数组元素的输入、输出和复制。

（2）ForEach…Next 语句。

（3）数组的初始化。

3. 控件数组。

八、过程

1. Sub 过程。

（1）Sub 过程的建立。

（2）调用 Sub 过程。

（3）通用过程与事件过程。

2. Function 过程。

（1）Function 过程的定义。

（2）调用 Function 过程。

3. 参数传送。

（1）形参与实参。

（2）引用。

（3）传值。

（4）数组参数的传送。

4. 可选参数与可变参数。

5. 对象参数。

（1）窗体参数。

（2）控件参数。

九、菜单与对话框

1. 用菜单编辑器建立菜单。

2. 菜单项的控制。

（1）有效性控制。

（2）菜单项标记。

（3）键盘选择。

3. 菜单项的增减。

4. 弹出式菜单。

5. 通用对话框。

6. 文件对话框。

7. 其他对话框（颜色，字体，打印对话框）。

十、多重窗体与环境应用

1. 建立多重窗体应用程序。

2. 多重窗体程序的执行与保存。

3. Visual Basic 工程结构。

（1）标准模块。

（2）窗体模块。

（3）SubMain 过程。

十一、键盘与鼠标事件过程

1. KeyPress 事件。

2. KeyDown 与 KeyUp 事件。

3. 鼠标事件。

4. 鼠标光标。

5. 拖放。

十二、数据文件

1. 文件的结构和分类。

2. 文件操作语句和函数。

3. 顺序文件。

（1）顺序文件的写操作。

（2）顺序文件的读操作。

4. 随机文件。

（1）随机文件的打开与读写操作。

（2）随机文件中记录的增加与删除。

（3）用控件显示和修改随机文件。

5. 文件系统控件。

（1）驱动器列表框和目录列表框。

（2）文件列表框。

6. 文件基本操作。

【考试方式】

上机考试，考试时长 120 分钟，满分 100 分。

1. 题型及分值。

单项选择题 40 分（含公共基础知识部分 10 分）。

操作题 60 分（包括基本操作题、简单应用题及综合应用题）。

2. 考试环境。

操作系统：Windows 7，开发环境 Microsoft Visual Basic 6.0。

二级 Python 语言程序设计考试大纲

【基本要求】

1. 掌握 Python 语言的基本语法规则。

2. 掌握不少于 2 个基本的 Python 标准库。

3. 掌握不少于 2 个 Python 第三方库，掌握获取并安装第三方库的方法。

4. 能够阅读和分析 Python 程序。

5. 熟练使用 IDLE 开发环境，能够将脚本程序转变为可执行程序。

6. 了解 Python 计算生态在以下方面（不限于）的主要第三方库名称：网络爬虫、数据分析、数据可视化、机器学习、Web 开发等。

【考试内容】

一、Python 语言基本语法元素

1. 程序的基本语法元素：程序的格式框架、缩进、注释、变量、命名、保留字、数据类型、赋值语句、引用。

2. 基本输入输出函数：input()、eval()、print()。

3. 源程序的书写格式。

4. Python 语言的特点。

二、基本数据类型

1. 数字类型：整数类型、浮点数类型和复数类型。

2. 数字类型的运算：数值运算操作符、数值运算函数。

3. 字符串类型及格式化：索引、切片、基本的 format()格式化方法。

4. 字符串类型操作：字符串操作符、处理函数和处理方法。

5. 类型判断和类型转换。

三、程序的控制结构

1. 程序的三种控制结构。

2. 程序的分支结构：单分支结构、二分支结构、多分支结构。

3. 程序的循环结构：遍历循环、无限循环、break 和 continue 循环控制。

4. 程序的异常处理：try-except。

四、函数与代码复用

1. 函数的定义与使用。

2. 函数的参数传递：可选参数传递、参数名称传递、函数的返回值。

3. 变量的作用域：局部变量和全局变量。

五、组合数据类型

1. 组合数据类型的基本概念。

2. 列表类型：定义、索引、切片。

3. 列表类型的操作：列表的操作函数、列表的操作方法。

4. 字典类型：定义、索引。

5. 字典类型的操作：字典的操作函数、字典的操作方法。

六、文件和数据格式化

1. 文件的使用：文件打开、读写和关闭。

2. 数据组织的维度：一维数据和二维数据。

3. 一维数据的处理：表示、存储和处理。

4. 二维数据的处理：表示、存储和处理。

5. 采用 CSV 格式对一二维数据文件的读写。

七、Python 计算生态

1. 标准库：turtle 库（必选）、random 库（必选）、time 库（可选）。

2. 基本的 Python 内置函数。

3. 第三方库的获取和安装。

4. 脚本程序转变为可执行程序的第三方库：Pyinstaller 库（必选）。

5. 第三方库：jieba 库（必选）、wordcloud 库（必选）。

6. 更广泛的 Python 计算生态，只要求了解第三方库的名称，不限于以下领域：网络爬虫、数据分析、文本处理、数据可视化、用户图形界面、机器学习、Web 开发、游戏开发等。

【考试方式】

上机考试，考试时长 120 分钟，满分 100 分。

1. 题型及分值

单项选择题 40 分（含公共基础知识部分 10 分）。

操作题 60 分（包括基本编程题和综合应用题）。

2. 考试环境

操作系统：中文版 Windows 7。

开发环境：建议 Python 3.4.2 至 Python 3.5.3 版本，IDLE 开发环境。

二级 Access 数据库程序设计考试大纲

【基本要求】

1. 掌握数据库系统的基础知识。
2. 掌握关系数据库的基本原理。
3. 掌握数据库程序设计方法。
4. 能够使用 Access 建立一个小型数据库应用系统。

【考试内容】

一、数据库基础知识

1. 基本概念。

数据库、数据模型、数据库管理系统等。

2. 关系数据库基本概念。

关系模型、关系、元组、属性、字段、域、值、关键字等。

3. 关系运算基本概念。

选择运算、投影运算、连接运算。

4. SQL 命令。

查询命令、操作命令。

5. ACCess 系统基本概念。

二、数据库和表的基本操作

1. 创建数据库。

2. 建立表。

（1）建立表结构。

（2）字段设置，数据类型及相关属性。

（3）建立表间关系。

3. 表的基本操作。

（1）向表中输入数据。

（2）修改表结构，调整表外观。

（3）编辑表中数据。

（4）表中记录排序。

（5）筛选记录。

（6）汇总数据。

三、查询

1. 查询基本概念。

（1）查询分类。

（2）查询条件。

2. 选择查询。

3. 交叉表查询。

4. 生成表查询。

5. 删除查询。

6. 更新查询。

7. 追加查询。

8. 结构化查询语言 SQL。

四、窗体

1. 窗体基本概念。

窗体的类型与视图。

2. 创建窗体。

窗体中常见控件，窗体和控件的常见属性。

五、报表

1. 报表基本概念。

2. 创建报表。

报表中常见控件，报表和控件的常见属性。

六、宏

1. 宏基本概念。

2. 事件的基本概念。

3. 常见宏操作命令。

七、VBA 编程基础

1. 模块基本概念。

2. 创建模块。

（1）创建 VBA 模块：在模块中加入过程，在模块中执行宏。

（2）编写事件过程：键盘事件、鼠标事件、窗口事件、操作事件和其他事件。

3. VBA 编程基础。

（1）VBA 编程基本概念。

（2）VBA 流程控制：顺序结构、选择结构、循环结构。

（3）VBA 函数/过程调用。

（4）VBA 数据文件读写。

（5）VBA 错误处理和程序调试（设置断点，单步跟踪，设置监视窗口）。

八、VBA 数据库编程

1. VBA 数据库编程基本概念。

ACE 引擎和数据库编程接口技术，数据访问对象（DAO），Activex 数据对象（ADO）。

2. VBA 数据库编程技术。

【考试方式】

上机考试，考试时长 120 分钟，满分 100 分。

1. 题型及分值。

单项选择题 40 分（含公共基础知识部分 10 分）、操作题 60 分（包括基本操作题、简单应用题及综合应用题）。

2. 考试环境。

操作系统：中文版 Windows 7。

开发环境：Microsoft Office Access 2010。

二级 MS Office 高级应用考试大纲

【基本要求】

1. 掌握计算机基础知识及计算机系统组成。

2. 了解信息安全的基本知识，掌握计算机病毒及防治的基本概念。

3. 掌握多媒体技术基本概念和基本应用。

4. 了解计算机网络的基本概念和基本原理，掌握因特网网络服务和应用。

5. 正确采集信息并能在文字处理软件 Word、电子表格软件 Excel、演示文稿制作软件 Power-Point 中熟练应用。

6. 掌握 Word 的操作技能，并熟练应用编制文档。

7. 掌握 Excel 的操作技能，并熟练应用进行数据计算及分析。

8. 掌握 PowerPoint 的操作技能，并熟练应用制作演示文稿。

【考试内容】

一、计算机基础知识

1. 计算机的发展、类型及其应用领域。

2. 计算机软、硬件系统的组成及主要技术指标。

3. 计算机中数据的表示与存储。

4. 多媒体技术的概念与应用。

5. 计算机病毒的特征、分类与防治。

6. 计算机网络的概念、组成和分类，计算机与网络信息安全的概念和防控。

7. 因特网网络服务的概念、原理和应用。

二、Word 的功能和使用

1. Microsoft Office 应用界面使用和功能设置。

2. Word 的基本功能，文档的创建、编辑、保存、打印和保护等基本操作。

3. 设置字体和段落格式、应用文档样式和主题、调整页面布局等排版操作。

4. 文档中表格的制作与编辑。

5. 文档中图形、图像（片）对象的编辑和处理，文本框和文档部件的使用，符号与数学公式的输入与编辑。

6. 文档的分栏、分页和分节操作，文档页眉、页脚的设置，文档内容引用操作。

7. 文档审阅和修订。

8. 利用邮件合并功能批量制作和处理文档。

9. 多窗口和多文档的编辑，文档视图的使用。

10. 分析图文素材，并根据需求提取相关信息引用到 Word 文档中。

三、Excel 的功能和使用

1. Excel 的基本功能，工作簿和工作表的基本操作，工作视图的控制。

2. 工作表数据的输入、编辑和修改。

3. 单元格格式化操作、数据格式的设置。

4. 工作簿和工作表的保护、共享及修订。

5. 单元格的引用、公式和函数的使用。

6. 多个工作表的联动操作。

7. 迷你图和图表的创建、编辑与修饰。

8. 数据的排序、筛选、分类汇总、分组显示和合并计算。

9. 数据透视表和数据透视图的使用。

10. 数据模拟分析和运算。

11. 宏功能的简单使用。

12. 获取外部数据并分析处理。

13. 分析数据素材，并根据需求提取相关信息引用到 Excel 文档中。

四、PowerPoint 的功能和使用

1. PowerPoint 的基本功能和基本操作，演示文稿的视图模式和使用。

2. 演示文稿中幻灯片的主题设置、背景设置、母版制作和使用。

3. 幻灯片中文本、图形、SmartArt、图像（片）、图表、音频、视频、艺术字等对象的编辑和应用。

4. 幻灯片中对象动画、幻灯片切换效果、链接操作等交互设置。

5. 幻灯片放映设置，演示文稿的打包和输出。

6. 分析图文素材，并根据需求提取相关信息引用到 PowerPoint 文档中。

【考试方式】

1. 采用无纸化考试，上机操作。考试时间为 120 分钟。

2. 软件环境：Windows 7 操作系统，Microsoft Office 2010 办公软件。

3. 在指定时间内，完成下列各项操作。

（1）选择题（含公共基础知识部分 10 分）。（20 分）

（2）Word 操作。（30 分）

（3）Excel 操作。（30 分）

（4）PowerPoint 操作。（20 分）

三级网络技术考试大纲

【基本要求】

1. 了解大型网络系统规划、管理方法。

2. 具备中小型网络系统规划、设计的基本能力。

3. 掌握中小型网络系统组建、设备配置调试的基本技术。

4. 掌握企事业单位中小型网络系统现场维护与管理基本技术。

5. 了解网络技术的发展。

【考试内容】

一、网络规划与设计

1. 网络需求分析。

2. 网络规划设计。

3. 网络设备及选型。

4. 网络综合布线方案设计。

5. 接入技术方案设计。

6. IP 地址规划与路由设计。

7. 网络系统安全设计。

二、网络构建

1. 局域网组网技术。

（1）网线制作方法。

（2）交换机配置与使用方法。

（3）交换机端口的基本配置。

（4）交换机 VLAN 配置。

（5）交换机 STP 配置。

2. 路由器配置与使用。

（1）路由器基本操作与配置方法。

（2）路由器接口配置。

（3）路由器静态路由配置。

（4）RIP 动态路由配置。

（5）OSPF 动态路由配置。

3. 路由器高级功能。

（1）设置路由器为 DHCP 服务器。

（2）访问控制列表的配置。

（3）配置 GRE 协议。

（4）配置 IPSec 协议。

（5）配置 MPLS 协议。

4. 无线网络设备安装与调试。

三、网络环境与应用系统的安装调试

1. 网络环境配置。

2. WWW 服务器安装调试。

3. E-mail 服务器安装调试。

4. FTP 服务器安装调试。

5. DNS 服务器安装调试。

四、网络安全技术与网络管理

1. 网络安全。

（1）网络防病毒软件与防火墙的安装与使用。

（2）网站系统管理与维护。

（3）网络攻击防护与漏洞查找。

（4）网络数据备份与恢复设备的安装与使用。

（5）其他网络安全软件的安装与使用。

2. 网络管理。

（1）管理与维护网络用户账户。

（2）利用工具软件监控和管理网络系统。

（3）查找与排除网络设备故障。

（4）常用网络管理软件的安装与使用。

五、上机操作

在仿真网络环境下完成以下考核内容。

1. 交换机配置与使用。

2. 路由器基本操作与配置方法。

3. 网络环境与应用系统安装调试的基本方法。

4. 网络管理与安全设备、软件安装、调试的基本方法。

【考试方法】

上机考试，120 分钟，总分 100 分。

三级数据库技术考试大纲

【基本要求】

1. 掌握数据库技术的基本概念、原理、方法和技术。

2. 能够使用 SQL 语言实现数据库操作。

3. 具备数据库系统安装、配置及数据库管理与维护的基本技能。

4. 掌握数据库管理与维护的基本方法。

5. 掌握数据库性能优化的基本方法。

6. 了解数据库应用系统的生命周期及其设计、开发过程。

7. 熟悉常用的数据库管理和开发工具，具备用指定的工具管理和开发简单数据库应用系统的能力。

8. 了解数据库技术的最新发展。

【考试内容】

一、数据库应用系统分析及规划

1. 数据库应用系统生命周期。

2. 数据库开发方法与实现工具。

3. 数据库应用体系结构。

二、数据库设计及实现

1. 概念设计。

2. 逻辑设计。

3. 物理设计。

4. 数据库应用系统的设计与实现。

三、数据库存储技术

1. 数据存储与文件结构。

2. 索引技术。

四、数据库编程技术

1. 一些高级查询功能。

2. 存储过程。

3. 触发器。

4. 函数。

5. 游标。

五、事务管理

1. 并发控制技术。

2. 备份和恢复数据库技术。

六、数据库管理与维护

1. 数据完整性。

2. 数据库安全性。

3. 数据库可靠性。

4. 监控分析。

5. 参数调整。

6. 查询优化。

7. 空间管理。

七、数据库技术的发展及新技术

1. 对象数据库。

2. 数据仓库及数据挖掘。

3. XML 数据库。

4. 云计算数据库。

5. 空间数据库。

【考试方式】

上机考试，120 分钟，满分 100 分。

参 考 文 献

[1] 李晓艳. 计算机应用基础实践教程（Windows 7+Office 2010）[M]. 北京：人民邮电出版社，2016.8

[2] 张艳，姜薇，孙晋非，徐月美. 大学计算机基础（第3版）[M]. 北京：清华大学出版社，2016.9

[3] 张婷. 计算机应用基础实训教程（Windows 7+Office 2010）[M]. 北京：人民邮电出版社，2016.8

[4] 赵文，张华南. 大学计算机基础（Windows7+Office2010）[M]. 北京：中国铁道出版社，2016.8

[5] 徐久成，王岁花. 大学计算机基础实践教程[M]. 北京：科学出版社，2016.8

[6] 李娟，郭海凤，沈维燕. 大学计算机信息技术学习指导[M]. 南京：南京大学出版社，2016.8

[7] 刘志成，刘涛. 大学计算机基础上机指导与习题集[M]. 北京：人民邮电出版社，2016.4

[8] 雷正桥. 计算机文化基础习题与实训教程（Windows7+Office2010版）[M]. 北京：机械工业出版社，2015.8

[9] 潘晓鸥. 大学计算机基础实践教程[M]. 北京：清华大学出版社，2014.9

[10] 柴欣，史巧硕. 大学计算机基础[M]. 北京：人民邮电出版社，2014.6

[11] 柴欣，史巧硕. 大学计算机基础实践教程[M]. 北京：人民邮电出版社，2014.6

[12] 刘琴，李东方，胡光. 大学计算机基础与应用实践教程（第二版）[M]. 上海：复旦大学出版社，2014.8